MIMO 雷达理论与应用

MIMO Radar
Theory and Application

［美］Jamie Bergin　Joseph R. Guerci　著
黄　勇　刘宁波　陈小龙　陈宝欣　译

国防工业出版社
·北京·

著作权合同登记　图字:军-2021-014号

图书在版编目(CIP)数据

MIMO雷达理论与应用/(美)杰米·伯金(Jamie Bergin),(美)约瑟夫·R. 古尔金(Joseph R. Guerci)著;黄勇等译. —北京:国防工业出版社,2022.7

书名原文:MIMO Radar:Theory and Application

ISBN 978-7-118-12510-8

Ⅰ. ①M… Ⅱ. ①杰… ②约… ③黄… Ⅲ. ①雷达-研究 Ⅳ. ①TN95

中国版本图书馆 CIP 数据核字(2022)第 117452 号

MIMO Radar Theory and Application, by Jamie Bergin, Joseph R. Gucrci
ISBN:9781630813420
© Artech House 2018
All rights reserved. This translation published under Artech House license. No part of this book may be reproduced in any form without the written permission of the original copyrights holder.

本书简体中文版由 Artech House 授权国防工业出版社独家出版。

版权所有,侵权必究。

※

国防工业出版社出版发行

(北京市海淀区紫竹院南路23号　邮政编码100048)

三河市德鑫印刷有限公司

新华书店经售

*

开本 710×1000　1/16　印张 9¾　字数 170 千字

2022年7月第1版第1次印刷　印数1—1500册　定价 89.00元

(本书如有印装错误,我社负责调换)

国防书店:(010)88540777　　书店传真:(010)88540776

发行业务:(010)88540717　　发行传真:(010)88540762

前　言

多输入多输出（MIMO）雷达和波形分集的概念已问世十多年。这期间，大量的研究和著作对这一新兴领域的诸多潜在优势和研究前景进行了阐述。本书中，我们对该领域的研究现状进行了总结，阐述了已经取得的实践效果以及将来的努力方向。本书首先阐述了 MIMO 雷达和波形分集的基本原理，说明了信噪比（SNR）、信干噪比（SINR）以及软硬件影响之间的耦合性。之后，本书介绍了实际 MIMO 雷达系统中已实现的相关技术，并以一部 X 波段雷达为例阐述了 MIMO 雷达系统将两相位中心天线转换成能够同时进行单脉冲测角与杂波抑制的四虚拟相位中心阵列的能力。本书的后半部分主要介绍了近年来 MIMO 雷达与波形分集方面的前沿技术，包括最优和自适应 MIMO 雷达系统，发射端的空时自适应处理（STAP）等技术，以及能够实现雷达、通信一体化的下一代多功能射频系统。本书中的大部分案例均来自于本团队的一线研究工作，我们也尽最大努力以一种易于理解的方式向各位读者阐述这些研究成果。

本书适用于对 MIMO 雷达、波形分集技术以及多功能射频系统感兴趣的雷达科研工作者、雷达工程师与操作员。学习本书之前，要求读者具备理解雷达原理和信号处理相关方法所需的数学基础知识，同时要求读者尽量对雷达软件和硬件系统有所了解。我们希望本书能够在读者们理解 MIMO 雷达系统、波形分集技术和多功能射频系统的基础理论知识方面有所帮助。学完本书之后，读者们将会了解 MIMO 雷达系统的发展现状，同时也将会理解 MIMO 雷达技术的应用场景和使命任务。

本书的创作来源于多年来对 MIMO 雷达技术的研究以及相关技术应用转化方面的工作。本书的编写得到了很多学者的帮助与支持。首先，我们要感谢美国电信公司的约翰·皮耶罗博士，他在微波雷达硬件方面的独特见解对于我们在 GMTI 雷达中实现 MIMO 技术起着至关重要的作用。我们还要感谢马歇尔·格林斯潘博士，他对 MIMO 雷达技术及其发展历史的深刻理解为书中的很多观点奠定了基础。本书的内容源于我们与保罗·特绍、约翰·唐·卡洛斯、大卫·科克在信息系统实验室（ISL）所进行的研究工作。在他们的帮助下，我们逐步了解了 MIMO 雷达系统，而且在我们开发用于分析、应用 MIMO 的工具时，他们也提供了大量的帮助。需要特别说明的是,本书中提到的特定场景建模与仿真技术是由保罗·特绍所开创的。本书第 7 章所述的关于建模与仿真方法的理解也得益于保罗多年来的协助。在第 7 章的多个案例中,我们采用了保罗所推荐的符号表示雷达仿真信号。除此之外,我们还要感谢 ISL 其他工作人员,包括布莱恩·沃森、多斯·海尔赛、克里斯·赫尔伯特、史蒂夫·麦克尼尔、琳达·法恩达姆、培华·罗、卡胜美、大西、克里斯·特谢拉、盖伊·钱尼、乔尔·施图德等给予的宝贵帮助。

最后,我们建立了一个与本书相关的网站,上面上传了一些与 MIMO 雷达相关的附加材料,如本书中图片的彩色版本,网站的链接是:www.islinc.com。我们将会定期补充这个网站的内容,包括书中某些模型的 MATLAB 实现工具。

目　　录

第1章　概述 ·· 1
　　参考文献 ·· 5
第2章　信号处理基础 ··· 7
　　2.1　雷达信号与正交波形 ·· 7
　　2.2　匹配滤波 ·· 8
　　2.3　多通道波束形成 ·· 10
　　2.4　多普勒处理 ··· 13
　　参考文献 ·· 14
第3章　MIMO雷达概述 ··· 15
　　3.1　MIMO雷达信号模型 ··· 15
　　3.2　MIMO雷达天线特性 ··· 18
　　3.3　MIMO雷达系统建模 ··· 22
　　3.4　MIMO雷达波形选择 ··· 24
　　3.5　MIMO雷达信号处理 ··· 26
　　3.6　特定场景中的仿真实例 ··· 29
　　3.7　MIMO实现时存在的问题与挑战 ····································· 33
　　　　3.7.1　计算复杂度 ·· 34
　　　　3.7.2　自适应杂波抑制方面的挑战 ··································· 37
　　　　3.7.3　校准与均衡问题 ·· 40
　　　　3.7.4　硬件方面的挑战与限制 ·· 42
　　参考文献 ·· 45
　　精选文献目录 ··· 48
第4章　MIMO雷达的应用 ·· 49
　　4.1　GMTI雷达概述 ··· 49
　　4.2　低成本GMTI MIMO雷达 ·· 55
　　4.3　海用雷达模式 ·· 74
　　4.4　OTH雷达 ·· 76

V

4.5　汽车雷达 ………………………………………………………… 77
　　参考文献 …………………………………………………………… 78
　　精选文献目录 ……………………………………………………… 79

第 5 章　最优 MIMO 雷达概述 ………………………………………… 81
5.1　最优 MIMO 雷达检测理论 ……………………………………… 81
5.2　杂波环境中的最优 MIMO 雷达 ………………………………… 87
5.3　最优 MIMO 雷达目标识别 ……………………………………… 91
　　参考文献 …………………………………………………………… 96

第 6 章　自适应 MIMO 雷达与 MIMO 通道估计 …………………… 98
6.1　自适应 MIMO 雷达概述 ………………………………………… 98
6.2　MIMO 通道估计技术 …………………………………………… 100
6.3　在强离散杂波点抑制中的应用 ………………………………… 103
6.4　小结 ……………………………………………………………… 110
　　参考文献 …………………………………………………………… 110

第 7 章　先进的 MIMO 分析技术 …………………………………… 113
7.1　特定场景的仿真背景 …………………………………………… 113
7.2　自适应雷达仿真结果 …………………………………………… 119
7.3　特定场景的杂波易变性与统计特性 …………………………… 121
7.4　最优波形分析 …………………………………………………… 128
7.5　最优 MIMO 雷达分析 …………………………………………… 132
　　参考文献 …………………………………………………………… 138
　　精选文献目录 ……………………………………………………… 144

第 8 章　总结与展望 …………………………………………………… 146
　　参考文献 …………………………………………………………… 147

第1章 概　　述

　　MIMO 雷达是一种能够显著提高雷达在机载对地监视和超视距探测等重要领域探测能力的新技术。在过去 10～15 年的时间里[1-3]，很多学者公开发表了大量有关这个主题的期刊论文、会议论文、研讨会论文，这充分表明，这一技术受到了雷达学界的极大关注。然而，在 MIMO 雷达快速发展过程中也存在一些争议。像大部分新兴技术一样，MIMO 雷达并不是能够解决所有技术问题的万能方法。实际上，对于某些特定模式的雷达，MIMO 技术并不适用，而且，如果使用不当，甚至可能会大大降低雷达性能。

　　遗憾的是，MIMO 雷达的优点有时被夸大了，因此引来了不少争议。在一些契合度较高的场景或应用中，MIMO 雷达本该得到大力发展，却受此影响而没有达到预期的发展目标[4-5]。本书中，我们试图对 MIMO 雷达这一技术进行客观的分析，既要明确指出它的优点，又要清楚地阐述它的缺陷。我们最终的目的是，希望本书能够在雷达工程师们对 MIMO 雷达系统进行研究或总体设计时，为其提供所需的 MIMO 雷达系统分析工具。

　　MIMO 系统实际上并不是一个新概念。MIMO 技术在其他射频系统应用中已经取得了很大成功，尤其是在无线通信系统中最为显著。利用 MIMO 技术提升雷达系统性能与通信系统性能的物理机制是一样的，但性能标准和实现方法却截然不同。在通信系统中，MIMO 天线能够在以多径传输为主导的复杂传输与散射环境中提高通道容量，而且，当多径传输中发生明显的空间变化时，也能获得高于单输入单输出(SISO)无线通信系统的通道容量。在实际应用中，MIMO 技术极大地提高了多个发射-接收路径不同时处于衰落状态的概率，从而保障了高质量的通信传输。读者们可通过大量阅读该方向的文献，更详细地了解 MIMO 通信系统[6]。

　　人们通常认为，大多数雷达系统中的电磁波是直线(DLoS)传播的，而无线通信系统中的电磁波是非直线(NLoS)传播的(如通过多路径传播)，所以，MIMO 雷达系统的优点必然不同于 MIMO 技术在无线通信系统中的优点。实际上，MIMO 雷达的优点往往更加微妙，本书将会针对这一点进行详细介绍。在此，我们简要总结 MIMO 雷达技术的潜在优势。

（1）MIMO 雷达技术可用于合成虚拟空间通道或自适应自由度（DoF）。这一点对于小型雷达系统来说尤为重要，因为小型雷达系统中独立发射/接收通道的数量极为有限。在第4章，我们列举了一个 X 波段雷达设计案例。

（2）由于 MIMO 雷达可以通过 MIMO 信号处理技术在接收端恢复完整的发射-接收双程方向图的分辨率，因此，MIMO 雷达提供了一种可展宽或赋形发射波束方向图的有效方法[7]。

（3）MIMO 杂波通道估计技术为强杂波的快速检测与抑制提供了一种有效的手段[8]。

（4）最优 MIMO 技术能联合优化发射端与接收端的自由度，使雷达达到最优性能[7]。

现有文献大多围绕信号处理与波形设计这两个方面对 MIMO 雷达技术开展研究。然而，从本质上来讲，MIMO 雷达是一种将多通道接收天线或相控阵的概念延伸到多通道发射孔径的天线技术。MIMO 系统的显著特征在于，它可以通过设计，生成一种随时空变化的天线方向图。这种天线方向图通常利用各天线单元间波形或时域响应不同的多端口、多孔径天线来实现。当实际应用系统需要同时满足最大探测距离、热性能和功率利用效率等大量的系统性能要求时，必须考虑到天线增益和发射机效率等指标，这时，MIMO 系统就有着非常重要的意义。

遗憾的是，基础的 MIMO 分析忽略了这些重要的天线性能指标，从而可能导致其设计结果对于实际应用系统来说并不实用。换句话说，对这些硬件的实际效能进行分析，可以使 MIMO 的成本、大小、重量和功率（C-SWAP）等特性都得到改善，这些也将在本书中进行介绍。在某些情况下，相比于那些基于传统雷达技术的方法，MIMO 系统实际上会给出更好的 C-SWAP 硬件解决方案。

传统雷达采用的是单一波形，如基带脉冲调制的射频（RF）载波。射频信号被放大并馈入具有固定天线方向图的单端口天线，如抛物面反射器或平板波导缝隙天线。通过这种发射方式，天线远场区域的不同位置点可被不同辐射功率水平的输入波形照射到。波形在不同空间位置的辐射功率水平取决于天线的辐射方向图。有源电子扫描天线架构的出现，改变了这种传统的单天线模式，但是，在实际使用中，两者的最终结果还是相同的。也就是说，有源电子扫描天线可用于产生简单的远场方向图，其波形包络在远场中不随位置的变化而变化。然而，有源电子扫描天线也为生成更灵活的空时波形提供了硬件基础，这种更灵活的空时波形就包括用于支持 MIMO 雷达技术的空时波形。

MIMO 雷达技术是一种空时波形分集技术，这种技术与传统的雷达天线截然不同。MIMO 雷达产生了一种空间分集的发射波形或区域照射。实际上，如果对远场区域的 MIMO 雷达方向图进行测量，我们就会发现，在不同空间位置测量的雷达发射波形实际上也是不同的。重要的是，我们需要理解，这种现象不仅仅涉及因天线方向图引起的波形辐射功率，还涉及实际的波形包络。

例如，一个 MIMO 系统可能使用常规线性调频（LFM）信号波形作为输入波形（可能会有不同的调频斜率），但其在远场中测量的合成波形可能完全不同于线性调频信号（LFM）波形。这是因为发射端空间分集形成的远场波形是所有发射波形的相干和。这样一来，MIMO 系统可以生成一种空间编码，在适当的条件下，这种空间编码能够被解码并用来提高目标探测与定位效果。

MIMO 雷达的概念如图 1.1 所示，通常包括从若干个独立天线孔径发射出来的独立波形，如箭头所示，箭头颜色深浅的不同表示不同的波形。每个波形均对目标进行照射，并经过反射后被接收端接收，接收端的各系统天线所接收的都是所有波形的相干和。通常来说，用于发射的天线与用于接收的天线不必是相同的天线。正如本书后面将要介绍的那样，MIMO 技术可在稀疏的收发阵列上进行发射与接收，从而合成一个完全填充的天线阵列，这在适当的条件下，可用于降低天线成本。

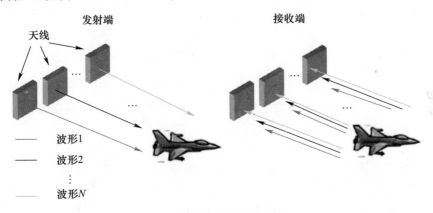

图 1.1 MIMO 雷达概念图

图 1.1 所示的 MIMO 结构通常称为集中式 MIMO 系统，其发射孔径均共置在一个发射塔或平台（如船身或机身）上。这与发射孔径位于分散平台并形成广域多基传感网络，且发射端与接收端通常相隔几十或几百千米的分布式 MIMO 系统截然不同。本书将主要讲解集中式 MIMO 系统的分析与设计。集中式 MIMO 系统与分布式 MIMO 系统的一个最主要的区别是：在集中式 MIMO 系统的框架下，由于各个阵元的间隔很小（按米计算），而且不同阵元与目标之间形

成的视角差异并不明显,因此,通常可以假设集中式 MIMO 系统的单个波形的目标回波是彼此相参的。

接收机的设计对于任何一个 MIMO 雷达系统来说都是至关重要的技术。MIMO 雷达接收机示意图如图 1.2 所示,一般来说,一个 MIMO 雷达系统的接收机通常包含多个接收孔径,每个接收孔径均配置一组接收匹配滤波器来匹配发射端的各个发射波形。滤波器 h_n 与发射信号 $s_n(t)$ 匹配并且与其他信号弱相关,通过这种方式,MIMO 雷达系统的接收机就可以将各发射孔径对应的雷达回波分开,以进行后续的处理。这种结构的重要意义在于,MIMO 接收机能够在接收信号处理器中形成发射方向图。与传统单孔径系统不同的是,当所有雷达回波信号均接收完毕后,MIMO 接收机可以对发射方向图进行离线扫描。本书将介绍在某些场景下,可利用这一特性来提高目标定位性能,并且能够在杂波环境中改善目标检测效果。

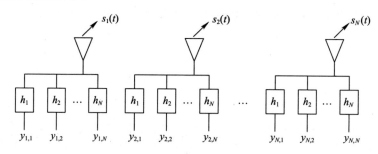

图 1.2　MIMO 雷达接收机示意图

本书中,我们将为 MIMO 雷达系统提供分析工具,雷达工程师们可以使用这些工具联合优化 MIMO 雷达系统的发射波形与接收机设计,从而使系统性能达到最优化。如前文所述,本书在进行分析时,考虑了硬件的可实现问题。同时,我们也同样注重雷达性能指标,不仅只强调 MIMO 雷达的优势,也明确指出它的限制和缺陷。此外,本书还将重点讲述这一技术在实现方面存在的问题,包括与实际硬件和接口环境相关的限制。

本书内容的一个重要方面是我们获取并分析了信息系统实验室与美国电信公司共同开发的机载 X 波段 MIMO 雷达的实验数据,并进行了性能测试。如图 1.3 所示,电信公司的 RDR-1700 雷达系统结合了 MIMO 模式。它是首个在生产中没有成本限制和设计限制的 MIMO 系统。本书中给出了海上和陆上开展 MIMO 系统实验的实例,以便于阐述这一新兴科技的重要优势。此外,我们利用这个系统证实了选择适当的硬件和匹配的模型设计能够克服 MIMO 雷达实际应用中存在的诸多挑战。

图 1.3 美国电信公司的 RDR-1700 雷达系统。通过低成本、低 SWAP 的硬件升级，将先进的 MIMO 模式引入了该雷达系统。图片来自电信公司产品网站
(www.telephonics.com/imaging-and-surveillance-radar)

本书的组织结构如下。第 2 章介绍了本书中 MIMO 雷达模型与技术所涉及的雷达信号处理基础知识，其中包括雷达信号与波形、匹配滤波器、空时波束形成以及多普勒处理。第 3 章介绍了 MIMO 雷达理论，包括虚拟阵列和波形正交等重要概念。这一章也着重分析了噪声条件和干扰条件下，MIMO 雷达与传统雷达之间的利弊所在。第 4 章举例阐述了 MIMO 理论与模型在地面动目标指示(GMTI)雷达和超视距(OTH)雷达等特定场景下的应用。第 5 章讲述了最前沿的最优 MIMO 雷达理论，并介绍了可用于目标识别以及杂波环境下目标检测的 MIMO 波形设计与信号处理联合优化算法。第 6 章阐述了如何将最优 MIMO 雷达理论延伸到更多实际场景中，在这些场景中 MIMO 雷达通道往往是未知的，只能利用发射端与接收端的自适应能力进行在线估计。第 7 章阐述了用于分析 MIMO 系统实际性能的建模与仿真方法。最后，第 8 章讨论了未来的研究方向。

参考文献

[1] Bliss, D. W., and K. W. Forsythe, "Multiple-Input Multiple-Output (MIMO) Radar And Imaging: Degrees of Freedom and Resolution," presented in *Conference Record of the Thirty-Seventh Asilomar Conference, Signals, Systems and Computers*, 2003.

[2] Robey, F. C., S. Coutts, D. Weikle, J. C. McHarg, and K. Cuomo, "MIMO Radar Theory and Experimental Results," in *Conference Record of the Thirty-Eighth Asilomar Conference on, Signals, Systems and Computers*, 2004, pp. 300–304.

[3] Bliss, D. W., K. W. Forsythe, S. K. Davis, G. S. Fawcett, D. J. Rabideau, L. L. Horowitz, et al., "GMTI MIMO Radar," presented at the *2009 International*

Waveform Diversity and Design Conference.

[4] Daum, F., and J. Huang, "MIMO Radar: Snake Oil or Good Idea?" *IEEE Aerospace and Electronic Systems Magazine,* Vol. 24, 2009, pp. 8–12.

[5] Brookner, E., "MIMO Radar Demystified and Where It Makes Sense to Use," presented at the *2013 IEEE International Symposium on Phased Array Systems & Technology.*

[6] Hampton, J. R., *Introduction to MIMO Communications,* Cambridge, UK: Cambridge University Press, 2013.

[7] Guerci, J. R., *Cognitive Radar: The Knowledge-Aided Fully Adaptive Approach.* Norwood, MA: Artech House, 2010.

[8] Bergin, J. S., J. R. Guerci, R. M. Guerci, and M. Rangaswamy, "MIMO Clutter Discrete Probing for Cognitive Radar," presented at the *IEEE International Radar Conference,* Arlington, VA, 2015.

第 2 章　信号处理基础

本章重点介绍 MIMO 雷达信号处理与自适应处理涉及的一些关键基础知识。尽管我们知道本书的读者都曾经学习过这些基础知识，但本章的内容仍然可以帮助读者复习这些基础知识，同时，本章规定了本书中所用符号的定义规则。

2.1 节讨论了基本的雷达信号和正交波形的概念。我们引入了一个抽象却有用的向量空间定义发射波形，该向量空间能够包含所有的自适应发射自由度。这些自适应自由度(ADoF)包括快时间复杂调制、极化、空域自适应自由度。因此，一般来说，发射信号可能非常大且非常复杂。

2.2 节讨论了加性白噪声和有色(结构性的)干扰条件下匹配滤波的概念。无论是对于传统雷达还是 MIMO 雷达，匹配滤波都是最基本的概念。

2.3 节介绍了多通道波束形成的基本原理。MIMO 雷达在工作过程中，会充分利用其空间自由度达成其目的。在后面的章节中，我们介绍了怎样利用 MIMO 技术来有效地、虚拟地增加空间自由度。正如我们在第 1 章中所讲的那样，相互分离的多个射频通道可能会极大地增加雷达成本、复杂度以及大小、重量和功率要求，因而，能够用于合成虚拟空间自由度的技术就显得尤为宝贵。

2.4 节讨论了脉间(区别于脉内)相位调制中的多普勒处理，既包含目标与雷达相对运动引起的多普勒(Doppler)频率，也包含有意调制的多普勒频率，如多普勒频分多址 MIMO 雷达(DDMA)。

2.1　雷达信号与正交波形

现实中所有信号的带宽都是有限的，也就是说，它们的频谱分量是有界的。对于这种有限范数信号，如香农(Shannon)采样定理所证明的那样，可用一组离散的采样样本表示任意一个连续的信号[1]。要表示这样一组离散的样本，向量法是非常方便有效的表示方法。例如，假设一个连续且带限的信号 $s(t)$，由采样定理可知，该信号也可以用一组样本集，$\{s(t_1), s(t_2), \cdots, s(t_N)\}$ 表示，而且无误差。所以，可以将该信号表示为向量形式：

$$s(t) \rightarrow s = \begin{bmatrix} s(t_1) \\ s(t_2) \\ \vdots \\ s(t_N) \end{bmatrix} \qquad (2.1)$$

按惯例,向量采用加黑斜体字母表示。这种表示方法十分灵活,例如,如果我们想要联合处理不同的独立信号,我们就可以简单地将向量进行串联,构造一个更高维的向量即可。假设 s_1 和 s_2 表示两个 N 维向量,那么,串联向量 s 则是 $2N$ 维的向量,其形式为

$$s = \begin{bmatrix} s_1 \\ s_2 \end{bmatrix} \qquad (2.2)$$

线性代数中的一个基本概念是某些抽象向量空间中向量的表示。图 2.1 展示了一个二维(2-D)向量空间中的 3 个向量示例。当然,线性代数的魅力就在于能够将空间抽象表示为任意维度的向量,这个维度甚至可以是无限的。

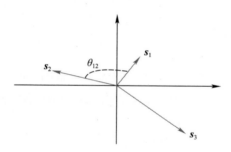

图 2.1 二维空间中的向量概念示例

从图 2.1 中我们可以看到,每个向量既有幅度(长度),又有方向。沿同一方向的向量称为共线向量,彼此之间形成直角的向量称为正交向量[2]。点积是线性代数中一种基本的运算,它的定义式为

$$s_1 \cdot s_2 = |s_1||s_2|\cos\theta_{12} \qquad (2.3)$$

式中:·表示点积运算;如图 2.1 所示,$|s|$ 表示向量 s 的幅度(长度);θ_{12} 表示两个向量之间的夹角。通过余弦函数的性质可以清楚地看到,当两个向量正交时,点积为 0。这一特性对于所有的 MIMO 雷达信号处理来说都是非常重要的。

2.2 匹配滤波

假设雷达回波信号 y 由期望的目标回波 s 与加性随机(白)噪声 n 组成,即

$$y = s + n \tag{2.4}$$

雷达信号处理的一个最基本的问题就是"应该怎样处理回波 y 以最大化期望信号回波,同时最小化加性噪声的影响?"恰好可以用点积的概念来解决这个问题。

用 w 表示要对回波信号 y 进行处理的滤波器。一般来说,它是一种有限脉冲响应(FIR)滤波器或者是其简单的线性组合[1]。那么,我们可以考虑,如何选取合适的 w,才能够最大化信噪比(SNR)?具体表示如下:

$$\max_w \frac{|w's|}{w'n} \tag{2.5}$$

因为噪声是随机的,所以我们应当考虑在平均意义上使 SNR 最大化。假设 n 是零均值,方差为 σ^2 的高斯白噪声,则 $w'n$ 的期望(或均值)表达式为

$$E(|w'n|^2) = E((w'n)^* (w'n)) = E(w'nn'w)$$
$$= w'E(nn')w = \sigma^2 w'Iw = \sigma^2 w'w \tag{2.6}$$

式中,* 表示复共轭。由此得出,$E(|w'n|) = \sigma \sqrt{w'w}$,将其代入式(2.5),可得

$$\max_w \frac{|w's|}{\sigma \sqrt{w'w}} \tag{2.7}$$

由于 w 的幅值(除了 0 或无穷大)对比值没有影响,因此,我们可以假设它是归一化的,即 $w'w = 1$,由此得出

$$\max_w \frac{|w's|}{\sigma} \tag{2.8}$$

因为 σ 的取值与 w 无关,因此可以看出,当点积 $w's$ 达到最大时,SNR 也达到最大。因 $0 \leq \cos\theta_{12} \leq 1$,所以,当 $\theta_{12} = 0$ 时,点积最大,即 w 与 s 共线,也就是,$w = as$,a 为任意非零常数。由此我们完成了匹配滤波器的推导,也清晰地看到了匹配滤波器这个术语的含义。

如果噪声为有色噪声,那么,$E(nn')$ 不再是对角矩阵,其一般表示形式为 $E(nn') = R$,其中 R 是噪声协方差矩阵[3]。有色噪声下匹配滤波器的推导过程跟白噪声下的推导类似,这里不再赘述,得到的最优有色噪声匹配滤波器可用著名的维纳-霍夫方程(向量形式)表示如下:

$$w = R^{-1}s \tag{2.9}$$

所以,对于有色噪声,必须先对其进行白化处理,然后再用白噪声下的匹配滤波对白化后的目标信号进行匹配滤波[3]。

2.3 多通道波束形成

图 2.2 假设单位振幅、窄带的平面电磁波照射到一个阵元间距为 d 的 N 元均匀线性阵列(ULA)上。本书中,"窄带"是指调频带宽为 B,且 $c/B \gg Nd$ 的信号[1]。在这种情况下,整个阵列的不同阵元之间的传播延迟表现为一种简单的相移,否则,必须使用真延时器(TDU)。

如果我们以图 2.2 中所示视轴为基准,把平面波入射角(AoA)定义为 θ_0,那么,在第 n 个天线单元处测到的基带复包络相位就是 θ_0 的函数,如下所示:

$$s_n = e^{j2\pi(n-1)\frac{d}{\lambda}\sin\theta_0}, n=1,2,\cdots,N \tag{2.10}$$

式中:λ 是工作波长(单位与 d 的单位一致);θ_0 是以弧度表示的平面波入射角[4]。需要注意的是,ULA 上,入射平面波的相位序列是线性的。

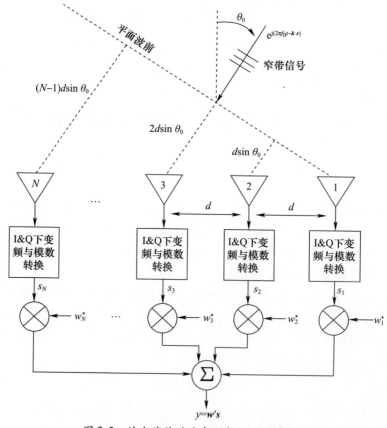

图 2.2 均匀线阵的波束形成(见文献[4])

在阵列的各接收通道中引入乘性复加权因子 w_n（图 2.2），对于任何入射角，均可将输出响应最大化。具体来说，用标量 y 表示波束形成器输出，定义如下：

$$y = \sum_{n=1}^{N} w_n^* s_n = \boldsymbol{w}'\boldsymbol{s} \tag{2.11}$$

式中：$*$ 表示复共轭；$'$ 表示向量复共轭转置（即厄米特转置[2]）；向量 $\boldsymbol{s} \in \mathbb{C}^N$；向量 $\boldsymbol{w} \in \mathbb{C}^N$，$\mathbb{C}^N$ 表示 N 维复向量空间。$\boldsymbol{s}$ 与 $\boldsymbol{w}$ 分别定义如下：

$$\boldsymbol{s}(\theta_0) \triangleq \begin{bmatrix} s_1 \\ s_2 \\ s_3 \\ \vdots \\ s_N \end{bmatrix} = \begin{bmatrix} e^{j0} \\ e^{j2\pi \frac{d}{\lambda}\sin\theta_0} \\ e^{j2\pi(2)\frac{d}{\lambda}\sin\theta_0} \\ \vdots \\ e^{j2\pi(N-1)\frac{d}{\lambda}\sin\theta_0} \end{bmatrix} \tag{2.12}$$

$$\boldsymbol{w} = \begin{bmatrix} w_1 \\ w_2 \\ w_3 \\ \vdots \\ w_N \end{bmatrix} \tag{2.13}$$

为了最大化波束形成器在入射角 θ_0 处的响应，我们需要解决一个基本的优化问题：

$$\begin{cases} \max_{\{\boldsymbol{w}\}} |y|^2 = \max_{\{\boldsymbol{w}\}} |\boldsymbol{w}'\boldsymbol{s}|^2 \\ \text{约束条件}：|\boldsymbol{w}|^2 = 常数 < \infty \end{cases} \tag{2.14}$$

其中，采用常增益约束方程的目的是确保优化方程的解为有限解。因为 $\boldsymbol{w}'\boldsymbol{s}$ 为非零范数向量 $\boldsymbol{w}$ 与 $\boldsymbol{s}$ 的内积（点积）[3]，因此，利用施瓦兹不等式（即，$|\boldsymbol{w}'\boldsymbol{s}|^2 \leq |\boldsymbol{w}|^2 |\boldsymbol{s}|^2$）可知，当且仅当向量 $\boldsymbol{w}$ 与 $\boldsymbol{s}$ 共线时，等号成立，即

$$\boldsymbol{w} = \kappa \boldsymbol{s} \tag{2.15}$$

式中：κ 是一个满足规范化约束条件的标量。需要注意的是，这只是我们先前推导出的简单白噪声条件下的匹配滤波器结果。

这个结果是比较直观的，最优波束形成器通过对各阵元通道进行相位校正来补偿平面波对阵列进行照射时由阵元间距引起的时延。具体来说，就是在第

n 个阵元通道处,波束形成器的输出结果为 $w_n^* s_n \propto e^{-ja_n} e^{ja_n} = 1$,由此实现了相位项的抵消。这样,波束形成器就完成了对各个阵元通道信号输出的相参积累。如果没有这个补偿,就可能发生相消干涉,从而降低输出信号强度。

线性波束形成器的一个重要且基本的局限性是:它一般也会对从其他角度到达的信号作出响应。这就可能导致很多应用上的问题,例如,从其他方向进来的无用的强信号可能会干扰到有用的信号。为了可视化这种影响,我们利用 $w = \kappa s$ 计算上述波束形成器对从 $-90°$ 到 $+90°$ 方向入射来的平面波的响应,其中,s 是入射角为 θ_0 的平面波。用 x_n 表示第 n 个接收通道的输出,那么,θ_0 方向的波束形成器输出表示为

$$y = w'x = \kappa \sum_{n=1}^{N} x_n e^{-j2\pi(n-1)\frac{d}{\lambda}\sin\theta_0} \qquad (2.16)$$

式(2.16)具有离散傅里叶(Fourier)变换(DFT)的形式[1]。如果设定 $d/\lambda = 0.5$(半波长阵元间距),阵元数 $N = 16$,入射角 $\theta_0 = 30°$,且

$$x_n = e^{j2\pi(n-1)\frac{d}{\lambda}\sin\theta}, n = 1, 2, \cdots, N \qquad (2.17)$$

当 θ 从 $-90°$ 变化到 $+90°$ 时,波束形成器的输出响应如图 2.3 所示($\kappa = 1$)。对于 ULA 来说,可利用快速傅里叶变换(FFT)计算波束形成器的响应[1]。在这个具体示例中,可以用解析式计算归一化波束形成器($|y| \leq 1$)的响应,即

$$|y| = \frac{1}{N} \left| \frac{\sin\left[N\pi \frac{d}{\lambda}(\sin\theta - \sin\theta_0)\right]}{\sin\left[\pi \frac{d}{\lambda}(\sin\theta - \sin\theta_0)\right]} \right| \qquad (2.18)$$

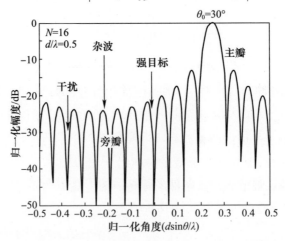

图 2.3 相对于视轴方向 $\theta_0 = 30°$ 角的 ULA 波束形成器响应

图 2.3 中的波束形成器输出响应有几个重要特征。首先,可以看到,入射角接近 30°的信号也会产生明显的响应。这个区域一般称为主瓣。主瓣之外的波瓣结构称为旁瓣。对于 ULA 来说,第一旁瓣大约在主瓣峰值以下的 13dB 处[1]。ULA 的主瓣零点的宽度取决于阵元数量 N(即天线的长度)以及扫描角 θ_0。通过设 $N\pi \dfrac{d}{\lambda}(\sin\theta - \sin\theta_0) = \pi$,就很容易得出第一零点位置 θ_{MB},从而得到零零点宽度为,

$$2\theta_{MB} = 2\arcsin[\lambda/(Nd) - \sin\theta_0] \tag{2.19}$$

当入射角度不大时,式(2.19)可以近似为

$$2\theta_{MB} = 2\arcsin[\lambda/(Nd)]/\cos\theta_0 \tag{2.20}$$

2.4 多普勒处理

雷达中的多普勒处理一般是指以生成距离(或角度)-多普勒输出为结果的滤波和/或匹配滤波处理。运动目标与观测雷达之间的相对运动,导致运动目标一般存在多普勒频移。由于目标的速度是未知的,因此必须事先建立一组与不同的多普勒频移相匹配的匹配滤波器。对于许多典型雷达,这组匹配滤波器可以很容易地通过 FFT 实现,尤其是当目标为非机动目标时更容易实现。即使对于静止目标,例如地杂波,雷达的运动也会产生多普勒频移。事实上,正是这种现象推动了合成孔径雷达(SAR)的产生。

图 2.4 中,假设一个具有多普勒频移的回波通过一个单通道 M 阶延迟滤波器。脉冲多普勒雷达[5]中,延迟 T 等于脉冲重复间隔(PRI)。滤波器的第 M 阶输出为 $s_m = e^{j2\pi(m-1)\bar{f}_d}, m = 1, 2, \cdots, M$,其中 $\bar{f}_d$ 是出自文献[5]中的归一化多普勒频率,即

$$\bar{f}_d = \frac{f_d}{\text{PRF}} = f_d T = \frac{2T}{\lambda}(\boldsymbol{v}_{tgt} - \boldsymbol{v}_{Rx}) \cdot \hat{\boldsymbol{i}}_{Rx} \tag{2.21}$$

式中:PRF 表示脉冲重复频率(PRF = 1/PRI = 1/T);f_d 表示点目标的多普勒频移,单位为 Hz;$\boldsymbol{v}_{tgt}$ 与 $\boldsymbol{v}_{Rx}$ 分别是目标与雷达的速度向量(笛卡儿坐标系);$\hat{\boldsymbol{i}}_{Rx}$ 是从雷达指向目标的单位方向向量($|\hat{\boldsymbol{i}}_{Rx}| = 1$);$\lambda$ 是工作波长;·表示向量点积。对于一个固定的 PRF,根据奈奎斯特采样准则,无模糊的多普勒区间为[-PRF/2, PRF/2][5]。所以,归一化的无模糊多普勒区间可以明确为

$$-0.5 \leq \bar{f}_d \leq 0.5 \tag{2.22}$$

需要注意的是,一般情况下,式(2.21)仅在单站条件(雷达发射端和接收端共址)下有效。

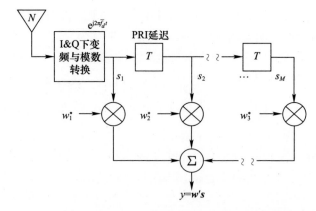

图 2.4 用于处理多普勒频移回波的均匀延迟线线性组合器
(注意:组合器输出的数学表达式与 ULA 波束形成器的输出是一样的)

就最优 ULA 波束形成器来说,适当选择图 2.4 中的复加权因子 w_m,$m=1$,$2,\cdots,M$,也可以得到一个最优多普勒滤波器响应。定义如下:

$$s = \begin{bmatrix} s_1 \\ s_2 \\ \vdots \\ s_M \end{bmatrix} = \begin{bmatrix} 1 \\ e^{j2\pi \bar{f}d} \\ \vdots \\ e^{j2\pi(M-1)\bar{f}d} \end{bmatrix} \tag{2.23}$$

用式(2.23)表示有用(多普勒)信号的 M 阶多普勒导向向量,用 $w=[w_1,w_2,\cdots,w_M]^T$ 表示加权向量。然后,跟 ULA 的情况一样,我们需要通过选择 w 来最大化 SINR。由于数学推导是相同的,因此最优 SINR 也可通过下式导出:

$$w = \kappa R^{-1} s \tag{2.24}$$

式中:R 是 $M \times M$ 维噪声协方差矩阵;κ 是标量常数,不影响 SINR 的大小。

参考文献

[1] Papoulis, A., *Signal Analysis*, New York: McGraw-Hill, 1984.

[2] Strang, G., *Introduction to Linear Algebra*: Wellesley, MA: Wellesley Cambridge Press, 2003.

[3] Van Trees, H. L., *Detection, Estimation and Modulation Theory. Part I.* New York: Wiley, 1968.

[4] Guerci, J. R., *Space-Time Adaptive Processing for Radar,* Second Edition, Norwood, MA: Artech House, 2014.

[5] Richards, M. A., *Fundamentals of Radar Signal Processing,* New York: McGraw-Hill, 2005.

第3章　MIMO雷达概述

本章主要阐述 MIMO 雷达的基本概念。首先介绍 MIMO 雷达信号模型的发展。然后总结 MIMO 雷达系统不同于传统雷达的一些关键特性。最后,通过阐述MIMO雷达关键性能指标的发展和一些基本结论,突出强调 MIMO 的主要优势。文中指出,通过合理配置 MIMO 雷达的天线结构,可以增加天线的虚拟通道,从而提升雷达性能。值得注意的是,虚拟通道能够提供更高的空间自由度,从而提高雷达系统自适应干扰抑制的能力。另外,虚拟天线单元可有效扩展天线孔径,从而使提高方向角估计精度成为可能。

图 1.2 中给出了本章 MIMO 雷达的处理思路。各通道的回波都要经过对应于每个发射波形的匹配滤波器进行匹配滤波。在该图中,发射波形的数量与接收通道的数量相等。一般来说,发射波形的数量与接收通道的数量可以不等,不过在本书中,我们还是先研究发射波形数量与接收通道数量相等的情况。匹配滤波器输出构成了 MIMO 数据向量,通过处理该向量,可以实现干扰抑制与目标检测。因此,我们需要一个信号模型表示所有匹配滤波器的输出向量。

我们从最简单的信号模型开始,假设发射波形是严格的正交波形。这种模型可形成相对直接的信号模型,并且恰好契合传统阵列的协方差模型,这也是信号处理文献中最常提到的 MIMO 模型。事实上,在应用中很难生成并有效发射严格意义上的正交波形,对于无线通信中常用的编码类波形尤其如此。遗憾的是,当发射波形并非严格正交时,通常所述的 MIMO 雷达的性能优势可能会有所下降。因此,我们将基本模型扩展到波形之间相关的情况,并阐述这种情况为何会导致性能下降。我们还会从雷达系统的角度详细解释发射非相参波形的影响,而且,还提供了使用 MIMO 天线架构时的一种评估方法,评估计算复杂度和硬件复杂度的影响。

3.1　MIMO 雷达信号模型

我们首先考虑图 1.2 中接收天线输出处接收到的信号模型,该模型通常使用一个通道矩阵来表示到达每个天线的不同波形的传输路径,如下所示[1-2]:

$$y(t) = Hs(t) \tag{3.1}$$

式中：$y(t) = [y_1(t), y_2(t), \cdots, y_N(t)]^T$ 是 N 个接收天线接收到的输出信号向量；$s(t) = [s_1(t), s_2(t), \cdots, s_N(t)]^T$ 是发射波形组成的向量。矩阵 H 中的元素具有如下形式：$v_{n_r,m_t} = \gamma_{n_r,m_t} \exp(j2\pi d\sin\theta(n_r + m_t)/\lambda)$，$n_r, m_t = 0, 1, \cdots, N-1$，其中，$v_{n_r,m_t}$ 是第 n_r 接收单元对第 m_t 个发射单元的响应，γ_{n_r,m_t} 为对应的通道响应，d 为阵元间距，λ 为工作波长，N 为天线单元的数量，θ 是信号相对于天线法线的到达角。矩阵 H 的所有元素表示单个发射天线—远场目标—单个接收天线之间所有传播路径的组合。

在无线通信方面的文献中，式(3.1)所示的通道模型表示方法是很常见的，然而，在雷达系统分析中并不常见。这种通道模型表示方法有很多优势，我们将在后面章节中进行阐述。对于选择一组波形或者波形假设集，然后分析 MIMO 性能的这种分析方式来说，相比于雷达自适应信号处理算法分析中常用的信号协方差模型，这种通道模型往往没有任何实质性的优势。但是，如果我们想超越正交 MIMO 波形，并尝试对波形进行优化设计，那么，这种通道模型表示法就会有很大优势，这是因为，就像我们在第 5 章中所阐述的那样，在这种模型里，波形与输入之间呈线性关系，而在协方差模型中，波形包含在协方差模型中，并与输入之间呈非线性关系，这就增加了最优波形集分析的难度。

本章后续主要是讲述协方差模型的发展，第 5 章主要讨论波形优化问题，而本章主要讨论基于一组固定的发射波形集或波形假设集来分析 MIMO 性能。随后，我们会过渡到第 5 章的通道模型。在第 5 章中，我们将利用 MIMO 波形优化技术来满足干扰抑制和目标识别等特定雷达任务需求。在本章中，我们首先假设波形之间的互相关极其微弱，一个特定滤波器 $h_i(t)$ 的输出只包含其对应的匹配波形 $s_i(t)$ 的输出。当由非零互相关引起的信号功率远弱于有用信号（目标和杂波）功率时，该假设成立。

当波形严格正交时，MIMO 雷达在匹配滤波器输出端的空间响应通常建模为[3]

$$v_s(\theta) = v_t(\theta) \otimes v_r(\theta) \tag{3.2}$$

式中：$\otimes$ 表示 Kronecker 积；$v_t(\theta)$、$v_r(\theta)$ 分别是到达角为 θ 时的发射与接收导向向量。对于 ULA，导向向量中的元素，$v_n = \exp(j2\pi nd\sin\theta/\lambda)$，$n = 0, 1, \cdots, N-1$，其中，$d$ 是阵元间距，λ 是工作波长，N 是阵列中天线单元的数量，θ 是目标相对于阵列平面法线的入射角。显而易见，v_s 中的元素与通道矩阵 H 中的元素是几乎相同的，只存在一个尺度上的差别，每个元素也是表示从发射天线到远场目标并返回到接收天线的一条路径。

对于脉冲多普勒雷达，MIMO 雷达的空时导向向量如文献[4-5]中所示如下：

$$v_{st}(\theta, f) = t(f) \otimes v_s(\theta) \qquad (3.3)$$

式中:向量 $t(f)$ 表示脉间时域响应,其元素为 $t_m = \exp(j2\pi mfT)$, $m = 0, 1, \cdots, M-1$,f 是多普勒频移,M 是脉冲数,T 是脉冲重复间隔。描述 MIMO 雷达通道间相关性的互相关协方差矩阵按下式计算,即

$$R = E\{yy'\} \qquad (3.4)$$

式中:y 是图 1.2 所示的 MIMO 接收机输出的单个快拍向量。对于单个杂波块或目标,表示为 $y = av_{st}(\theta, f)$,其中,a 是复幅度,是一个与复 RCS 模型、传播路径和收发天线方向图等因素有关的函数。如果是正交波形,则 MIMO 互相关矩阵建模如下:

$$R = |a|^2 v_{st}(\theta, f) v'_{st}(\theta, f) \qquad (3.5)$$

如果我们假设指定距离单元的雷达杂波中包含大量独立的雷达回波,则 MIMO 杂波协方差模型如下所示:

$$R_c = \sum_{p=1}^{P_c} |a_p|^2 v_{st}(\theta_p, f_p) v'_{st}(\theta_p, f_p) \qquad (3.6)$$

式中:P_c 表示指定距离单元中的杂波块总数。一般而言,在缺乏特定场景先验信息的情况下,在计算杂波协方差矩阵时,通常假设雷达平台周围同一距离单元内存在着大量的沿方位向均匀分布的杂波块[4-5]。杂波加上热噪声的协方差矩阵表示为 $R = R_c + \sigma_n^2 I$,其中,σ_n^2 是热噪声方差,I 是单位矩阵。

我们注意到,从线性代数的角度来看,这里所说的协方差模型看上去与用来分析传统自适应阵列雷达系统的协方差模型完全相像[4]。因此,人们经常想把这个新的 MIMO 模型运用到传统自适应阵列雷达系统性能指标的计算中。但应当注意的是,这样可能会模糊 MIMO 雷达系统和传统的"只收"自适应阵列雷达系统之间的比较。下文中我们将阐述,在使用 MIMO 模型时务必要准确计算相参发射天线增益的损失。一般通过调整复系数 a_p 来体现 MIMO 雷达系统与传统的"只收"自适应阵列雷达系统之间在天线方向图和增益上的差异。

同时,我们还注意到,这里所建立的 MIMO 协方差模型的维度比传统的"只收"自适应阵列雷达系统要高,前者的维数正好是后者的维数与 MIMO 雷达发射波形数的积。这将对计算复杂度和系统硬件复杂度产生巨大的影响。在本章的后面部分,我们将对增加的 MIMO 系统计算需求进行分析。模型维度的增加也影响了自适应信号处理算法的实现,其主要影响是,更高的维度要求更多的训练数据估计干扰(杂波)协方差矩阵,而当实际背景是高度非均匀杂波时,这对实现自适应信号处理算法带来了极大的挑战[4]。在本章的最后,我们将再次讨论这个问题。

波形之间的非零互相关会影响到协方差模型的计算。一般而言,这种非零互相关会使各通道回波在其他与之有一定程度相关性的通道中产生少量无用噪声。我们首先给出 MIMO 系统空间相关矩阵中各元素的表达式,即

$$E\{y_{n,m}y_{l,k}^*\} = |a|^2 E\left\{\sum_{i=1}^{N} v_{n,i}\tilde{s}_{i,m}\sum_{j=1}^{N}v_{l,j}^*\tilde{s}_{j,k}^*\right\}$$

$$= |a|^2 \sum_{i=1}^{N}\sum_{j=1}^{N}v_{n,i}v_{l,j}^* E\{\tilde{s}_{i,m}\tilde{s}_{j,k}^*\} \qquad (3.7)$$

式中:$v_{n,i}$ 是从接收天线 n 到发射天线 i 的空间响应;$\tilde{s}_{i,j}$ 是波形 i 经过匹配滤波器 j 后的输出。当波形为正交波形时,这个模型退化至前面提到的协方差模型。对于波形之间存在相关性的情况,我们作以下假设:

$$E\{\tilde{s}_{i,m}\tilde{s}_{j,k}^*\} = \begin{cases} 1, & i=m, j=k \\ \sigma^2, & i=j, m=k \\ 0, & \text{其他} \end{cases} \qquad (3.8)$$

式中:σ^2 是因 MIMO 波形之间的非零互相关而引入的噪声方差。这个模型表明,发射波形的非零互相关将会在 MIMO 通道中引入相关噪声。例如,如果波形 $i=1$ 在匹配滤波器 $j=2$ 中发生泄漏,则在每个接收通道中,波形 $i=1$ 都会在滤波器 $j=2$ 的输出中引入不同程度的互相关噪声。幸运的是,这种噪声是相关的,而且是可以被消除的。但是,就像我们所能理解的那样,它会消耗 MIMO 空间自由度,从而降低 MIMO 天线带来的性能优势。

我们通常假设雷达通道和脉冲(传统或 MIMO)是通过线性滤波器(即空时波束形成器)进行处理的,即

$$z = \mathbf{w}'\mathbf{y}_s \qquad (3.9)$$

式中:$\mathbf{y}_s$ 是一个由各个脉冲对应的传统雷达或 MIMO 雷达空间通道快拍构成的向量,其中包含目标、杂波和热噪声。因此,$\mathbf{y}_s$ 的维数是 NMN_t,其中 N 是接收通道的数量,M 是脉冲数量,N_t 是发射波形或通道的数量。

3.2 MIMO 雷达天线特性

在对各种 MIMO 处理滤波器 $\mathbf{w}$ 进行性能分析之前,我们首先强调 MIMO 天线框架的两个重要特性:第一个重要特性是在接收端实现发射天线方向图合成的概念[1];第二个是 MIMO 虚拟阵列的概念[2]。

传统雷达的发射天线方向图是固定不变的,由发射天线的框架决定。与之不同的是,MIMO 系统独特的框架允许其在接收端形成发射方向图。其实这一

点很好理解,只需考虑一种特殊情况,即一个接收通道同时接收 N_t 个发射通道的信号(多输入单输出,或称为 MISO)。在这种特殊情况下,式(3.2)中的向量 $v_r(\theta)$ 是一个标量,且有 $v_s(\theta)$ 正比于 $v_t(\theta)$。我们可以任选一个 $N_t \times 1$ 维的空域滤波器 w 来联合发射通道,以形成任一所需的发射方向图。这个概念如图 3.1 所示,图中有两个目标位于不同的距离延迟处,MIMO 系统允许发射方向图同时指向这两个目标。在传统雷达系统中,发射方向图是不随距离变化而变化的,但是,MIMO 系统的发射方向图在某些时候可以随距离的变化而发生改变。这并非是一个全新的概念,众所周知的顺序波瓣技术[6]就涉及类似的操作,这种操作中,形成了多个发射波束,但形成的时间不同,然后将这些发射波束联合起来(就像它们是同时出现的一样)估计目标的角度信息。所以,采用顺序波瓣技术的雷达是 MISO 雷达系统的一个实用范例。

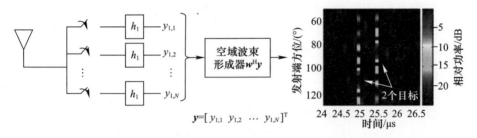

图 3.1 在 MIMO 系统接收端形成发射方向图的概念图解说明

当使用同样的天线阵列进行发射和接收时,如果我们把 MIMO 系统所有通道相参地联合起来,得到的波束方向图在数学上很可能就等价于传统雷达的双程收发方向图,即,当相同的天线用于发射与接收且均指向同一方向时,相参 MIMO 处理器的方位响应(天线方向图)为

$$b_{\text{MIMO}}(\theta) = |v'_s(\theta_s)v_s(\theta)|^2 = |(v_t(\theta_s) \otimes v_r(\theta_s))'(v_t(\theta) \otimes v_r(\theta))|^2 \quad (3.10)$$

式中:θ_s 表示期望的入射方位。利用关系式 $(v_1 \otimes v_2)' = (v'_1 \otimes v'_2)$ 和 $(A \otimes B)(C \otimes D) = AC \otimes BD$,有

$$\begin{aligned}
b_{\text{MIMO}}(\theta) &= |(v_t(\theta_s) \otimes v_r(\theta_s))'(v_t(\theta) \otimes v_r(\theta))|^2 \\
&= |(v'_t(\theta_s)v_t(\theta)) \otimes (v'_r(\theta_s)v_r(\theta))|^2 \\
&= |(v'_t(\theta_s)v_t(\theta))(v'_r(\theta_s)v_r(\theta))|^2 \\
&= |v'_t(\theta_s)v_t(\theta)|^2 |v'_r(\theta_s)v_r(\theta)|^2 \quad (3.11)
\end{aligned}$$

由上式可以清楚地看到,相参 MIMO 处理器的天线方向图就等于传统天线阵列的双程方向图(即接收方向图与发射方向图的积)。所以我们可以理解,将 MIMO 系统的所有通道输出相参地联合起来就可以得到一个与双程天线方向图一样的空间响应,而众所周知的是,双程天线方向图的主瓣比接收(单程)天线方向图的主瓣要窄。图 3.2 展示了工作频率为 1GHz、8 单元半波长间距的传统阵列雷达的空域响应,同时也展示了这 8 个天线单元发射正交波形时 MIMO 系统的空域响应。正如预期的那样,MIMO 系统的方向图与传统雷达系统的双程方向图相同。我们后续将阐述如何利用这个特性来改善雷达的功能,包括方位估计和机载 GMTI 雷达中的慢速目标检测。

下文中我们将阐述,在接收端形成发射波束时会产生一个比较严重的实际应用问题,即在设计 MIMO 雷达模式及相应信号处理算法时,必须考虑相参发射增益的实际损失问题。

MIMO 系统的第二个关键特性是它提供了附加的虚拟阵元,其位置可根据接收阵列与发射阵列的位置卷积来确定[2]。如前文所述,这种做法有助于改善接收端的空间分辨率,还能增加空间自由度,有利于提升雷达在自适应杂波抑制和方位估计(目标地理位置)等重要功能方面的性能。图 3.3 给出了这一概念的示意图。这种新的阵列称为 MIMO 虚拟阵列,其阵列尺寸通常比原来的传统雷达接收阵列要大。在图 3.3 所示的简单的两单元天线陈列中,通过对比传统雷达系统与 MIMO 雷达系统的阵列响应 $v_s(\theta)$ 中的元素,就可以很好地理解这一点。

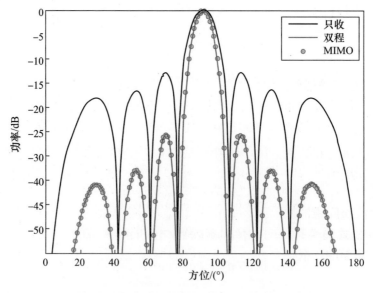

图 3.2 "只收"(单程)、双程和 MIMO 天线方向图对比示意图

在传统雷达系统的"只收"情况下,阵列响应为

$$v_s(\theta) = v_t(\theta) \otimes v_r(\theta) = v_r(\theta) = [1, \exp(j2\pi d\sin\theta/\lambda)]^T \quad (3.12)$$

在 MIMO 系统情况下,阵列响应为

$$v_s(\theta) = [1, \exp(j2\pi d\sin\theta/\lambda), \exp(j2\pi d\sin\theta/\lambda), \exp(j4\pi d\sin\theta/\lambda)]^T \quad (3.13)$$

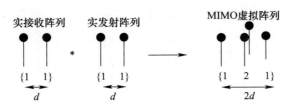

图 3.3 MIMO 雷达虚拟阵列概念示意图[2]

可以看出,MIMO 阵列响应有 4 个元素。前 3 个元素与"只收"系统相同,且第二个元素为重复元素。MIMO 阵列的第四个元素就如"只收"系统中存在第三虚拟阵元(即 $n=2$)一样。所以,MIMO 架构可以获得与具有更大规模天线的"只收"系统相同的量测数,而且某些阵列单元上还可提供重复或者冗余的量测值。值得注意的是,虚拟阵列有一个长度为原阵列 2 倍且带有三角加权的天线方向图。

在后面的章节中,我们将讲述,利用更大的虚拟阵列可以提高 MIMO 系统相对于传统"只收"系统的分辨率;但是,必须考虑到 MIMO 框架引起的发射增益损失。在第 4 章中,我们将讨论,增加空间通道或虚拟通道数有助于提高系统性能。

MIMO 系统的这种天线特性可以得到一个有趣的结论:它似乎可以用来优化稀疏接收孔径的空间响应。由于虚拟孔径的天线位置是接收孔径与发射孔径的卷积,因此我们可以假设使用这样一种 MIMO 框架,即具有半波长间隔的短发射孔径与间隔大于半波长的较大接收孔径[2]。在这种情况下,如果正确选择发射阵列和接收阵列,最终虚拟孔径会产生一个满阵(非稀疏阵)(如上所述,会有多个冗余阵元)。图 3.4 中的天线方向图对此进行了解释,该 MIMO 雷达系统由 3 个半波长间距的发射阵元和 8 个 2λ 均匀间距的接收阵元组成。我们看到,MIMO 模式确实有助于减少稀疏接收孔径的栅瓣,然而,最终的天线方向图与传统非 MIMO 框架中使用该发射孔径与接收孔径得到的收发双程方向图相同。

MIMO 发射端波束控制与虚拟阵列的另一个显著的优势是:它可能为传统

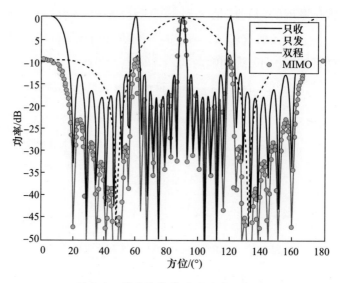

图 3.4 稀疏接收阵列的天线方向图

的发射波束赋形或展宽技术提供更多有效的解决方案[7]。在高灵敏度雷达系统中,通过展宽发射天线方向图以覆盖更大的瞬时搜索扇区,从而达到同时处理多个接收波束的目的,这就需要在灵敏度与搜索区域覆盖率之间进行权衡,这通常是通过在发射天线阵元上使用适当的相位锥化技术来实现的[7]。其缺点是:相比于非锥化情况,相位锥化技术后的双程天线方向图通常具有更高的旁瓣。MIMO 天线自然地展宽了发射方向图,其照射方向图与单个通道的方向图相同,但是如前文所述,MIMO 系统能在信号处理器中形成真正的双程天线方 MIMO 向图。

3.3　MIMO 雷达系统建模

本书的一个重要目的就是对比 MIMO 系统与传统系统在处理方式上的差异,因此有必要分析二者在发射功率和通道增益上的差异。这一节将围绕参考文献[8]中的模型展开讨论。参考文献[9]则提供了另一种类似的处理方式。图 3.5 分别针对传统相控阵雷达与 MIMO 阵列,总结了用于表示单脉冲发射与接收孔径的系统模型。MIMO 天线与传统天线之间的主要差异包括:

(1) MIMO 系统的发射天线孔径较小,因此增益较低;

(2) 对于采用 T/R 模块的相控阵系统来说,其在整个孔径上平均分配总发射功率,因此单个 MIMO 通道的发射功率将会下降。

传统阵列上单个接收通道、单个脉冲接收的信噪比可按下式计算,即

$$\text{SNR}_{\text{conv}} = \frac{PG_tG_r\sigma_t\lambda^2}{(4\pi)^3R^4L_skTF_nf_p} \tag{3.14}$$

参数	说明
P	总平均功率
G_t	全孔径增益
G_r	单个子阵列增益
λ	波长
R	标称斜距
L_s	系统损失
k	玻耳兹曼常数
T	噪声温度
f_p	脉冲重复频率(PRF)
σ_0	杂波系数
N_t	发射波形数量
A_c	杂波单元面积(全孔径)
F_n	噪声系数

单个空间通道	传统雷达	MIMO 雷达
SNR(单通道/脉冲)	$\dfrac{PG_tG_r\sigma_t\lambda^2}{(4\pi)^3R^4L_skTF_nf_p} = \text{SNR}_{\text{conv}}$	$\dfrac{(P/N_t)(G_t/N_t)G_r\sigma_0\lambda^2}{(4\pi)^3R^4L_skTF_nf_p} = \dfrac{\text{SNR}_{\text{conv}}}{N_t^2}$
CNR(单通道/脉冲)	$\dfrac{PG_tG_r\sigma_0A_c\lambda^2}{(4\pi)^3R^4L_skTF_nf_p} = \text{CNR}_{\text{conv}}$	$\dfrac{(P/N_t)(G_t/N_t)G_r\sigma_0(N_tA_c)\lambda^2}{(4\pi)^3R^4L_skTF_nf_p} = \dfrac{\text{CNR}_{\text{conv}}}{N_t}$

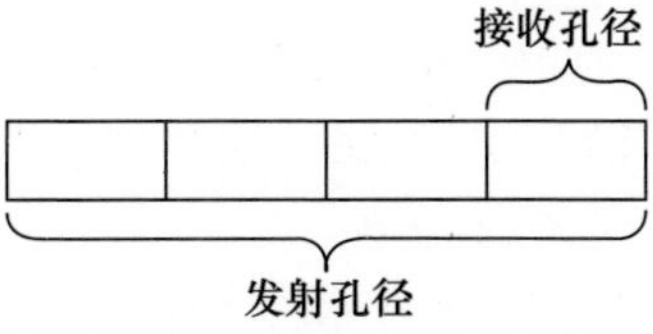

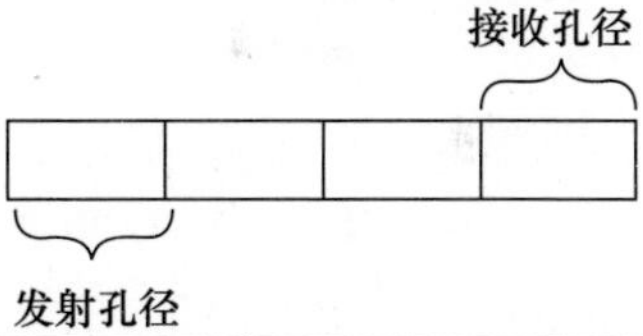

图 3.5 传统雷达系统与 MIMO 雷达系统之间的雷达灵敏度对比

式中:P 为总平均功率;G_t 为全孔径增益;G_r 为单个子阵列增益;λ 为工作波长;R 为目标距离;L_s 为系统损失;k 为玻耳兹曼常数;T 为噪声温度;F_n 为噪声系数;f_p 为脉冲重复频率。对于不同的发射机,单个脉冲、单个 MIMO 通道的信噪比(单个发射通道与单个接收通道)计算如下:

$$\text{SNR}_{\text{MIMO}} = \frac{(P/N_t)(G_t/N_t)G_r \sigma_t \lambda^2}{(4\pi)^3 R^4 L_s kTF_n f_p} = \frac{PG_t G_r \sigma_t \lambda^2}{(4\pi)^3 R^4 L_s kTF_n f_p N_t^2} \quad (3.15)$$

式中:N_t 是 MIMO 阵列中发射子阵列的数量。显然,单个 MIMO 通道上的 SNR 只有单个传统阵列接收通道上的 SNR 的 $1/N_t^2$ 倍。本章后续会指出,可通过 MIMO 信号处理技术来补偿这种信噪比的损失。部分损失可以通过 MIMO 通道间的相参处理得到补偿,还可通过正确选择雷达相干处理间隔得到补偿。

接下来,我们计算传统阵列的单个接收通道、单脉冲的杂噪比(CNR),即

$$\text{CNR}_{\text{conv}} = \frac{PG_t G_r \sigma_0 A_c \lambda^2}{(4\pi)^3 R^4 L_s kTF_n f_p} \quad (3.16)$$

式中:σ_0 是地杂波散射系数;A_c 是地面上雷达分辨单元的有效面积,该面积近似等于投射几何图形的距离分辨率与横向距离分辨率的乘积。单个 MIMO 通道、单脉冲下的 CNR 计算如下:

$$\text{CNR}_{\text{MIMO}} = \frac{(P/N_t)(G_t/N_t)G_r \sigma_0 (A_c N_t) \lambda^2}{(4\pi)^3 R^4 L_s kTF_n f_p} = \frac{PG_t G_r \sigma_0 A_c \lambda^2}{(4\pi)^3 R^4 L_s kTF_n f_p N_t} \quad (3.17)$$

从中我们可以看到,相对传统阵列,MIMO 系统的杂噪比是其 $1/N_t$ 倍。本书中的分析与结果都是基于 MIMO 系统与传统阵列的上述模型,这些模型决定了二者在 SNR 和 CNR 上的差异。

3.4　MIMO 雷达波形选择

对于 MIMO 雷达系统,有许多波形可供选择,这些波形需要满足以下特性:
(1) 低自相关峰值/距离旁瓣响应(PASR)[10];
(2) 对于所有波形,都具有低峰值互相关响应比(PCRR)[10];
(3) 对关心的目标具有多普勒容忍性;
(4) 可灵活地选择波形数量与脉冲宽度;
(5) 可采用经济实用的雷达硬件来实现。

MIMO 波形设计的主要目的是设计一组 PCRR 非常低的波形。通常有 3 种方法可以考虑,即时域波形分集、频域波形分集和码域波形分集。在下文中,我们总结了每种方法的优缺点,并推荐了可行性最高的波形设计方法。

(1) 时域波形设计。每个发射子阵在一个独立的时间窗口中发射一个信号。一个很简单的方法是,各个子阵依次发射 LFM 脉冲。这个方法非常简单有效,能够与现有的雷达系统完美结合。但是,这种做法会对雷达脉冲重复频率造成影响,因为有效 PRF 将会降低子阵数量倍。对于 MIMO 雷达来说,这将会导

致雷达覆盖面积下降波形数量倍。另外,该方法还存在一个隐含的假设,即 MIMO 通道在 TDMA(时分多址)探测时间内不发生明显变化。

(2) 频域波形设计。各子阵列使用不同的载频进行发射,而且载频间隔足够大,确保不出现载频间的相互干扰。这也是一种相对比较简单的实现子阵信号正交发射的方法。然而,这种方法不能有效利用射频频谱,所需的总瞬时带宽增加了子阵数量倍。跟时域波形设计一样,这个方法也可以使用传统的 LFM 波形。然而,瞬时带宽的增加使得该方法并不实用,因为该方法需要更高速的 AD 转换器,从而对系统大小、重量和功率的要求更高。

(3) 码域波形设计。这类波形具有相同的时域和频域空间,同时又具有非常低的互相关。这个方法类似于现代通信系统中使用的码分多址(CDMA)技术。这种方法可有效利用射频频谱,然而,在实际应用中最困难的一点是:使用有限长度的脉冲很难获得真正的正交编码波形。不过,码域处理对雷达系统接收机硬件的影响很小,而且不影响雷达系统的 ACR(区域覆盖率)。因此,码域经常成为波形设计的第一选择。然而,正如我们将在下文所述的那样,在强杂波环境中,即使是很小的残余互相关噪声,也会降低 MIMO 在 GMTI 等雷达系统中的应用效果。

开发 CDMA 波形确实会遇到一些挑战,包括低 PASR 和 PCRR 的设计,因此我们参照文献[10],采用波形数 K 和码长 N 描述最大峰值自相关(PASR)与峰值互相关(PCRR)之间的关系界限,表示如下:

$$\text{PCRR} \leq \frac{1}{2N-1} - \frac{2(N-1)}{(2N-1)(K-1)} \text{PASR} \quad (3.18)$$

$$\text{PASR}, \text{PCRR} \geq 1/N^2 \quad (3.19)$$

这些界限表达式中已假定波形是归一化的,并且具有单位能量,当这些序列的峰值互相关比大于 $1/N^2$ 时,式(3.19)才成立。其他有用的界限表达式可参阅文献[10-11]以及这些文献中的参考文献。我们注意到,式(3.18)和式(3.19)给出了一个重要界限,这个界限定义了 PCRR 和 PASR 之间的基本关系。可使用式(3.18)和式(3.19)定义一个有用的界限,根据这个界限,当指定了波形数量和波形中的样本数量时,可将 PCRR 看成是 PASR 的函数。图 3.6 中列举了若干示例。这些例子强调了产生具有低距离旁瓣和低互相关旁瓣的波形集的难度。当 MIMO 波形数量较大且系统时宽带宽积受限时,该难度尤其明显。

第 4 章我们将会讲到,通常在实际应用中,采用不完全是上述任何一类波形设计的自组波形技术或者混合波形技术也是有优势的。例如,机载 GMTI 雷达中通常采用的一种方法是:利用系统慢时间或脉冲 DoF,在多普勒域中分离 MIMO 通道。这种技术通常称为 DDMA MIMO(见第 4 章)[12-13]。

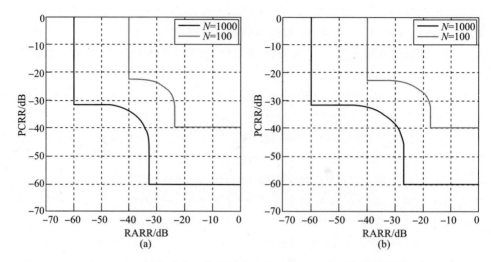

图 3.6 波形峰值旁瓣与峰值互相关的界限(注意:这两个图表中 PARR = PASR)
(a) 2 个波形;(b) 4 个波形。

我们也会讲到,在进行 MIMO 波形设计时,系统发射机的硬件要求也是必须要考虑的因素。由于发射天线阵列的相位和响应由选择的波形决定,因此必须确保输入波形能够为系统提供良好的阻抗匹配,并且不会导致天线输入处的电压驻波比(VSWR)过高[14]。通常的目标是选择一组波形,这组波形在天线阵列上激发的阵列模式能与自由空间传播良好匹配。

选择波形集应当选择能在天线上产生传统 sinc 型天线方向图的相位响应的波形集。对于单元间隔近似于射频波长的 MIMO 天线来说,因为空间通道之间存在更多的互耦,所以这个方法尤为好用。系统配置的天线子阵列越大,对子阵间 MIMO 相位响应的限制就越小。即便如此,如果考虑硬件限制,我们会发现,类似噪声的 CDMA 波形在实际应用中将会遇到很大的问题,因为它们产生的发射天线响应在匹配性和电压驻波比特性方面较差。在后面的 3.7.4 节中,我们将会对 VSWR 等多个实际应用问题进行详细分析。

3.5 MIMO 雷达信号处理

在有色干扰加噪声背景下,为了检测目标信号,采用如下所示的匹配滤波器[15-16]:

$$w = \frac{R_t^{-1} v_{st}(\theta,f)}{\sqrt{v_{st}^H(\theta,f) R_t^{-1} v_{st}(\theta,f)}} \qquad (3.20)$$

式中：$R_t = E\{y_s y_s'\}$。跟传统的"只收"雷达系统处理技术一样，通常会根据干扰环境来选择需要采用的空时自由度。在实际应用中，通常用基于观测数据自适应估计得到的估计值来替代理想协方差 R_t。自适应 MIMO 处理技术将在第 5 章中进行讲解。

如果我们假设目标的响应为 $av_{st}(\theta,f)$，其中 a 是一个零均值的复高斯随机幅度，则空时波束形成器输出的信干噪比（SINR）为

$$\text{SINR} = \frac{E\{|a|^2\}|w'v_{st}(\theta,f)|^2}{w'R_t w} \tag{3.21}$$

如果我们使用式（3.20）所示的滤波器，则 SINR 可以简化成 $\text{SINR} = E\{|a|^2 v_{st}'(\theta,f) R_t^{-1} v_{st}(\theta,f)\}$，而且，不失一般性，如果假设热噪声经过了归一化处理（即 $\sigma^2 = 1$），那么，有

$$\text{SINR} = \text{SNR}_{\text{MIMO}} v_{st}'(\theta,f) R_t^{-1} v_{st}(\theta,f) \tag{3.22}$$

如果考虑只有热噪声的情况（即 $R_t = I$），则 SINR 可以表示为

$$\text{SINR} = \text{SNR}_{\text{MIMO}} NMN_t = \text{SNR}_{\text{conv}} NM/N_t \tag{3.23}$$

从式（3.23）中我们可以看到，在 MIMO 系统情况下，相对于传统阵列（$N_t = 1$），处理后的 SINR 降低了发射波形数量倍。要克服 SINR 降低的问题，必须在 MIMO 框架下增加发射脉冲的数量。幸运的是，对于搜索应用来说，尽管由于发射孔径的减小导致 MIMO 发射方向图展宽了 N_t 倍，也不会对系统的区域覆盖率（ACR）产生影响。因此，传统阵列和 MIMO 阵列的无杂波条件下的灵敏度以及 ACR 都是相同的，这样就可以客观地比较两者在杂波环境下的目标检测性能。

对于许多窄带系统，增加 CPI 并不会严重影响雷达性能，但必须要注意的是，在较长的 CPI 期间内，距离走动以及目标 RCS 变化引起的去相关等因素都可能导致目标信号的损失。对于距离走动，可采用类似于 SAR 处理中的某些先进的多普勒处理技术来解决，如 keystone 处理技术[17]。在密集目标环境中，较长的 CPI 通常是有益的，因为它能在多普勒域提供更高的目标分辨率。较长的 CPI 对于采用自适应杂波抑制的雷达系统来说更为有利，因为它能最大程度地减少污染训练数据的目标数量，其中训练数据是指用来估计杂波滤波器权重的数据[18]。

当干扰不是白噪声时，由于依赖于目标响应以及与之相关的干扰响应的性质，所以很难直接将 MIMO 系统与传统阵列进行比较。为了说明这一点，我们假设有一个机载 GMTI 雷达系统，工作波段为 L 波段（1GHz），天线孔径为 1m，与机身平行，并分为 4 个大小相等的子阵。该系统以 100m/s 的速度飞行，且波束指向机身侧向（即正侧视）。传统系统对 16 个脉冲进行相参处理，PRF 为 2kHz，并假设在一个 CPI 内，目标不起伏。

图3.7展示了多条SINR曲线,说明了噪声条件下与杂波条件下的性能差异。正如理论分析的那样,在噪声区(高速目标区),MIMO雷达需要增加发射波形数量倍的脉冲数才能达到与传统系统相同的性能。在杂波区(低速目标区),MIMO雷达的SINR要稍好些(即相比于传统系统,差距没有噪声区那么大)。这正是上文中所讨论的结果之一,更窄的MIMO空域响应有助于分离慢速目标与强杂波信号。这个特性我们将在第4章进行详细讨论。我们也提出了一种折中方案,即MIMO系统采用32个脉冲。在这种情况下,MIMO系统会形成一个比传统系统大2倍的ACR,而且还会在低多普勒区获得更好的SINR。所以,在杂波区,MIMO系统常常可以显著改善雷达系统的性能。我们将在第4章对此进行更详细的探讨。

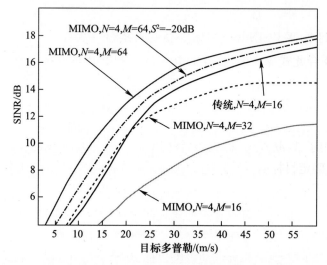

图3.7 传统天线和各种MIMO配置之间的灵敏度对比示意图(除非另有说明,$\sigma^2=0$)

方位估计精度也是一种用来比较MIMO系统与传统系统的重要性能指标。热噪声条件下的方位估计精度如下[9]:

$$\sigma_\theta^{\text{MIMO}} = \frac{\text{BW}}{\sqrt{2\text{SINR}}} \tag{3.24}$$

$$\sigma_\theta^{\text{conv}} = \frac{\text{BW}}{\sqrt{\text{SINR}}} \tag{3.25}$$

式中:BW是接收天线波束宽度。我们发现,在SNR相同的条件下,MIMO系统可实现$\sqrt{2}$倍优势的角度估计精度[9]。我们将在第4章中阐述,在杂波条件下,相对于传统天线结构,MIMO的优势将会更加明显。需要注意的是,上述精度表达式针对的是单目标情况。在雷达中，我们通常感兴趣的是两个或多个目标存在时的测量精度以及怎样分辨多目标的问题。相对于传统系统，MIMO 系统的响应会更窄一些，因此我们预期其分辨率也会更高一些。

通常，先计算式(3.9)的空时波束形成器的功率输出，然后再与门限进行比较，从而完成目标存在与否的判断，如下式所示：

$$|w^H y_s|^2 > \gamma \tag{3.26}①$$

如果我们假设数据向量 y_s 中的目标和噪声均服从零均值复高斯分布，那么，滤波器输出也将服从零均值高斯分布，进而检验统计量服从指数分布，这样，可以很容易地计算检测概率与虚警概率，其表达式如下：

$$p_d = e^{-\gamma/(\sigma_t^2 + \sigma_n^2)} \tag{3.27}$$

$$p_{fa} = e^{-\gamma/\sigma_n^2} \tag{3.28}$$

式中：σ_t^2 是目标平均功率；σ_n^2 是干扰（即杂波 + 噪声）功率。显然，$p_d = p_{fa}^{1/(SINR+1)}$。联合此式与式(3.21)的 SINR，即可计算 MIMO 系统或常规系统的接收机工作特性(ROC)。

从这个关系式可以得出一个相干处理周期(CPI)内 p_d 与 p_{fa} 的关系。然而，雷达系统通常利用多个 CPI 的检测结果融合得出一个最终检测结果。假设在检测过程中采用了 N/M 逻辑，即在 M 个 CPI 中，一个目标必须至少有 N 个 CPI 被检测到，才能确定目标被成功检测到。如果我们假设各个 CPI 的检测都是独立进行的，则可用以下式子计算检测概率 $p_d^{N,M}$ 与虚警概率 $p_{fa}^{N,M}$，即

$$p_d^{N,M} = \sum_{n=N}^{M} \frac{M!}{n!(M-n)!} p_d^n (1-p_d)^{M-n} \tag{3.29}$$

$$p_{fa}^{N,M} = \sum_{n=N}^{M} \frac{M!}{n!(M-n)!} p_{fa}^n (1-p_{fa})^{M-n} \tag{3.30}$$

3.6 特定场景中的仿真实例

前面章节中所述的性能指标可用来评估和比较 MIMO 系统与传统"只收"系统的性能。本节针对机载雷达作战，作了一次微型案例分析，用以阐述 MIMO 系统对雷达性能的提升作用。这个仿真分析首次出现是在参考文献[8]中，本节也提出了一些仿真分析结果，并结合本章之前所述指标进行了额外的分析讨论。本案例涉及机载 GMTI 雷达系统的概念，用来检测和跟踪一辆慢速的地面

---

① 原公式为 $|w^H y_s| > \gamma$，译者认为不妥，对其进行了修正。

车辆。我们会在第 4 章对 GMTI 雷达模式进行更加详细的介绍,本案例仅是为了初步说明前面所述的 MIMO 框架是如何提高雷达系统性能的。

本案例没有对雷达系统的跟踪性能进行详细分析,但它客观地论述了怎样通过上文所述的指标对比传统系统与 MIMO 系统的性能。本案例还强调了对比 MIMO 雷达系统和传统监视雷达系统时需要注意的一些关键问题。特别是在比较传统系统的虚警率与具有长积累时间的 MIMO 系统的虚警率时,要多加注意。

仿真过程中,假设一架飞机在高度 3km 处飞行通过地面上的一个点,航向为正北方。仿真开始时,雷达的瞄准点定位在正西方、斜距 32.5km 处。仿真的机载雷达系统由一个 ULA 组成,其参数如图 3.8 所示。由该图可知,仿真的机载雷达系统的参数与文献[19]所述的 L 波段系统类似。为了改善系统的 GMTI 性能,我们对参数作了些许修改。具体地说,增加了带宽以降低杂噪比并有助于分辨目标。我们注意到,MIMO 系统的脉冲数相对传统系统增加了 4 倍,这主要是考虑了前面所讨论的损失。我们还注意到,仿真中,假设 MIMO 系统的发射波形是完全正交的,而且 MIMO 波形是采用类似 CDMA 技术在快时间维(距离维)生成的。所以,本案例展示了 MIMO 系统的一种性能上限。

	传统雷达	MIMO 雷达
空间通道	4	4
系统损失/dB	9	9
噪声温度/K	270	270
噪声系数/dB	5	5
PRF/kHz	1.984	1.984
带宽/MHz	10	10
频率/GHz	1.24	1.24
阵列长度/m	1.44	1.44
阵列宽度/m	0.12	0.12
平均功率/W	1500	1500
脉冲数	8	32

图 3.8 传统雷达与 MIMO 系统的雷达参数
(© 2009 IEEE。经过同意后翻印。选自《2009 AES 会议记录》)

利用 GPS 数据对地面车辆的路径进行记录,GPS 轨迹如图 3.9 所示。车辆首先左转,然后在直道上加速至恒定速度。注意:车辆在起点和终点时仍保持运动状态。根据目标的时间-速度表,在轨迹时间大约 $t=34s$ 时,可看到目标在转弯时速度降低。在转弯处附近,我们将观察到 MIMO 雷达对慢速目标的检测优势。

在轨迹持续时间内,每隔 1s 就重新计算一次目标的 SINR,SINR 随时间的变化关系曲线如图 3.10 所示。正如预期的那样,MIMO 系统能够改善主波束杂波区内的目标 SINR。这就是本章前面所讨论的干扰条件下检测目标(与热噪声条件下的检测相反)时,MIMO 系统在改善 SINR 方面具有的优势。目标 SINR 值用于生成表示检测性能的统计量。图 3.11 显示了传统系统的虚警概率为 $p_{fa}=10^{-5}$、MIMO 系统的虚警概率为 $p_{fa}=(1/N_t)\times10^{-5}=(1/4)\times10^{-5}$ 时,检测概率随时间的变化曲线图。对比传统系统和 MIMO 系统的性能时,使用不同的虚警率是为了保持类似的虚警密度(即每单位监视面积的虚警)。尽管 MIMO 雷达和传统雷达的面积覆盖率相同,但是,在 MIMO 雷达输出中有更多的多普勒单元。如果虚警率相同,那么,相对于传统雷达,MIMO 雷达的虚警密度会变大,因此,有必要降低 MIMO 系统的虚警率才可以使两个系统获得相似的虚警密度。

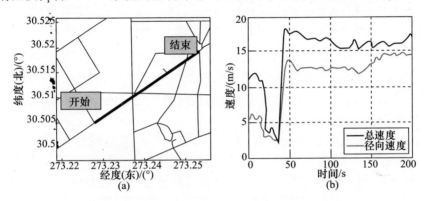

图 3.9 特定场景中的目标轨迹(a)和目标的总速度及径向速度(b)
(© 2009 IEEE。经过同意后翻印。选自《2009 AES 会议记录》)

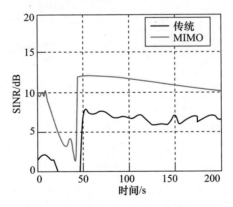

图 3.10 目标 SINR 随时间变化曲线
(© 2009 IEEE。经过同意后翻印。选自《2009 AES 会议记录》)

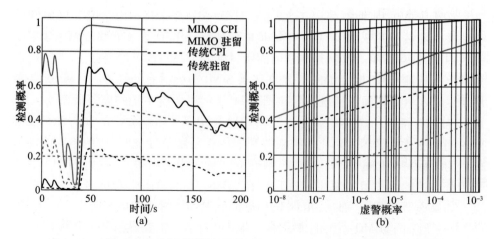

图 3.11　目标检测概率随时间的变化曲线(a)和 $t=59s$ 时的 pd – pfa 曲线(b)
(© 2009IEEE。经过同意后翻印。选自《2009AES 会议记录》)

图 3.11 也对比了两系统在 $t=59s$ 时的目标检测概率与系统虚警概率变化曲线。MIMO 雷达的检测性能远远优于传统雷达。从这些结果中可以明显看出,相比于传统的单波形系统,MIMO 系统能够提供更好的检测性能和慢速目标跟踪性能。

下面根据通道数量的变化对 MIMO 系统与传统系统的性能进行了分析。图 3.12 给出了二通道、三通道、四通道系统的 SINR 随时间变化曲线图。在 MIMO 情况下,发射波形的数量等于接收通道的数量。可以看出,由于发射通道

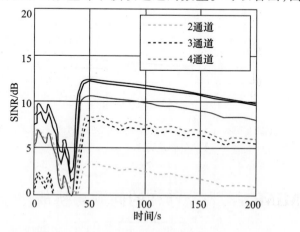

图 3.12　不同通道数量(图例中不同颜色深度表示不同数量)时目标 SINR 随时间变化曲线。实线表示 MIMO 雷达,虚线表示传统雷达
(© 2009IEEE。经过同意后翻印。选自《2009AES 会议记录》)

与接收通道都可用(如果是二通道情况,MIMO系统有两个发射和两个接收空间自由度),所以,MIMO系统在通道数量降低时具有更高的鲁棒性。我们还注意到,对于二通道情况,传统阵列的角度估计性能非常差,这是因为其空间自由度被全部用来对消杂波。当系统是MIMO系统时,即使接收自由度有限,额外的发射空间自由度联合接收自由度将有助于改善系统的角度估计性能。

图3.13给出了MIMO系统和传统阵列系统的方位估计误差随时间的变化曲线。可以看出,MIMO系统的方位估计误差比传统阵列低1倍左右,这归因于MIMO系统天线孔径的有效增加(即式(3.24)中给出的因子)和对慢速目标SINR的改善。

本案例涉及真实的雷达作战场景,且通过本案例可以看出,MIMO框架带来的天线虚拟孔径扩展是如何提高慢速目标检测性能和提高角度估计精度的。从给出的性能结果中可明显推测出,MIMO系统的跟踪性能将远远优于传统系统。例如,当MIMO系统的检测概率接近于1时,传统系统的检测概率很少超过0.6。两个系统之间的差异在目标径向速度非常低时体现得尤为明显,此时,MIMO系统的检测概率常常在0.8以上,而传统系统的检测概率均未超过0.3。

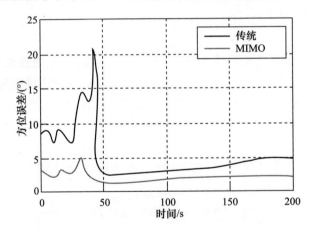

图3.13 MIMO系统和传统阵列系统的方位角估计误差随时间的变化曲线
(© 2009 IEEE。经过同意后翻印。选自《2009 AES会议记录》)

3.7 MIMO实现时存在的问题与挑战

虽然MIMO雷达系统有诸多优势,但是,这是以高的计算量负担和高的硬件复杂度为代价的。此外,当实施自适应杂波滤波器训练策略时,增加的MIMO空间通道可能会带来许多实际挑战。最后,在实际应用时,找到一组不影响发射机效率的MIMO波形也是一件难度很大的事。我们将在本节讨论这些问题和可能的解决策略。我们将在第4章中阐述,确实有可能解决其中的许多挑战,不过实现过程与本章前面所述的一般MIMO方法大不相同,它涉及在各通道快时间维如何生成准正交CDMA波形的问题。

3.7.1 计算复杂度

首先,我们对MIMO雷达接收机处理的计算需求进行分析。我们通常只关注雷达处理过程中的主要步骤,包括脉冲压缩、多普勒处理、杂波抑制。我们通常把脉冲压缩和多普勒处理作为预处理,然后再考虑杂波抑制。所以,下面分两步进行阐述。对于MIMO雷达与传统雷达,我们针对这些步骤建立了基本的复杂度计算模型。我们将会看到,在考虑每单位搜索面积所需的计算次数时,预处理步骤不会显著增加搜索雷达的计算复杂度。但是,杂波抑制会显著增加所需的计算次数。

我们首先针对传统单波形雷达系统建立脉冲压缩算法的复杂度计算模型,假设 N 个雷达通道、M 个脉冲都进行脉冲压缩处理,那么脉冲压缩所需要的计算次数建模如下:

$$\text{OPS}_{pc} = NML \log_2 L \qquad (3.31)$$

式中:L 是距离单元数。假设采用基于FFT的快速卷积法完成脉冲压缩,这样得出的计算量就与 $L \log_2 L$ 成正比[20]。我们主要关心的是该结果与MIMO雷达类似结果的对比,因此,忽略了复数乘法和其他杂项因素。但是如果想要得到MIMO系统的准确计算次数而不是与传统系统的对比结果,那么,这些因素就不能被忽略。

N 个通道、L 个距离单元进行多普勒处理时所需的计算次数可通过下式进行计算:

$$\text{OPS}_{dop} = NLM \log_2 M \qquad (3.32)$$

其中,我们假设用FFT进行多普勒处理,那么,多普勒处理的计算次数与 $M \log_2 M$ 成正比[20]。因此,进行数据预处理所需的计算次数等于脉冲压缩与多普勒处理所需的计算次数之和,即

$$\text{OPS}_{pre} = \text{OPS}_{pc} + \text{OPS}_{dop} = NML \log_2(LM) \qquad (3.33)$$

对MIMO雷达数据进行脉冲压缩时所需的计算次数要比传统雷达大得多,这是因为MIMO系统的每个接收天线单元后面都需要 N_t 个匹配滤波器,如图1.2所示。同时,正如本章前面所述,MIMO系统需要 N_t 倍数量的脉冲来补偿发射机天线增益的损失。因此,MIMO系统进行脉冲压缩处理所需的计算次数为

$$\mathrm{OPS}_{\mathrm{pc,MIMO}} = N_t^2 NML \log_2 L \tag{3.34}$$

其中,因子 N_t^2 来源于增加的匹配滤波器数量和相干处理间隔内增加的脉冲数量。这里假设脉冲压缩采用基于 FFT 的快速卷积法进行计算,所以其计算次数与 $L \log_2 L$ 成正比[20]。

所有 MIMO 通道(发射和接收通道)和距离单元中的 MIMO 雷达数据进行多普勒处理所需的处理次数为

$$\mathrm{OPS}_{\mathrm{dop,MIMO}} = N_t^2 NLM \log_2 MN_t \tag{3.35}$$

因子 N_t^2 来源于增加的通道数和脉冲数。传统雷达对 N 个通道、L 个距离单元做 M 个脉冲的多普勒处理,而 MIMO 系统则需要对 NN_t 个通道、L 个距离单元做 MN_t 个脉冲的多普勒处理。由于假设多普勒处理是采用 FFT 进行计算的,因此计算次数与 $MN_t \log_2 MN_t$ 成正比[20]。于是,MIMO 数据预处理的计算次数为脉冲压缩与多普勒处理的计算次数之和,即

$$\mathrm{OPS}_{\mathrm{pre,MIMO}} = \mathrm{OPS}_{\mathrm{pc,MIMO}} + \mathrm{OPS}_{\mathrm{dop,MIMO}} = NN_t^2 ML \log_2 (LMN_t) \tag{3.36}$$

由以上分析可知,MIMO 系统的计算次数明显多于传统单波形雷达系统。对于搜索应用而言,这个结果是有误导性的,因为 MIMO 系统具有更长的 CPI,因此有更长的时间用于计算,并且因为发射波束更宽,所以覆盖的监视区域比传统系统的更大。我们可以用每单位监视面积内每秒的处理次数来进行更有意义和更公平的比较。每秒计算次数通常是指每秒浮点运算数(FLOPS)。

不失一般性,假设传统雷达的 CPI 为 1s(即脉冲串的发射时间为 1s)且天线波束与距离跨度覆盖面积为 $1\mathrm{km}^2$,那么,式(3.33)中的表达式为 FLOPS/km^2。对于面积覆盖率相同的 MIMO 系统,CPI 等于 $N_t \mathrm{s}$,监视面积等于 $N_t \mathrm{km}^2$。因此,每平方千米的 FLOPS 数等于式(3.36)除以因子 N_t^2,如下所示:

$$\mathrm{FLOPS\_norm}_{\mathrm{MIMO}} = NML \log_2 (LMN_t) \ \mathrm{FLOPS/km}^2 \tag{3.37}$$

在同样的监视面积和同样的时间条件下,相对于传统系统,MIMO 系统的 FLOPS 增加量为式(3.37)与式(3.33)的比值,计算如下:

$$\mathrm{fac}_{\mathrm{pre}} = 1 + \frac{\log_2 N_t}{\log_2 LM} \tag{3.38}$$

对于 N_t、M 和 L 的典型值来说,该因子表明 MIMO 系统进行预处理时并不意味着会显著增加计算量。例如,当 $N_t = 4$、$M = 128$、$L = 1000$ 时,处理次数的增量约为 12%,这个增量是比较适度的。需要强调的是,这里讨论的是 MIMO 雷达最极端的情况,因为我们假设了 CDMA 类波形需要在每个通道上进行相应的匹配滤波处理。MIMO 系统的其他实现方法,如第 4 章将会讨论的 DDMA 方法,

对预处理操作(脉冲压缩和多普勒处理)所需计算量的影响将会更小。但是,接下来我们将阐述,杂波抑制所需的计算量会有显著增加,这在对比分析 MIMO 系统与传统系统的成本和效益时,不得不仔细考虑这一点。

式(3.38)所示的复杂度模型中,假设在 MIMO 系统的长 CPI 时间内,雷达平台自身运动或目标运动不会导致目标和杂波发生距离走动。通常,对于窄带系统和只有少量波形的 MIMO 系统来说,这一假设均适用。而对于这一假设不适用的情况来说,为了避免距离走动造成的积累损失和杂波去相关效应,可能需要更复杂的脉冲压缩与多普勒联合处理。在这种情况下,可能需要类似于合成孔径雷达处理这类更复杂的预处理方法,但因此也可能严重增加 MIMO 系统进行数据预处理的复杂度。

杂波抑制处理的计算模型针对的是式(3.20)中的杂波滤波器权向量。这种自适应空时波束形成器(如空时自适应处理[STAP])的计算复杂度已经被广泛研究[21],计算量的主要来源是杂波协方差矩阵估计、求逆操作以及将得到的权向量用于对雷达数据进行加权计算。由于我们的目的是为了对比传统系统和 MIMO 系统而非准确计算处理次数,所以我们采用了只考虑主要计算量需求的简化模型。单波形系统所需的操作次数可表示为

$$\text{OPS}_{\text{STAP}} = M(M_fN)^3 + NM_fLM \tag{3.39}$$

式中:M_f 是杂波抑制处理中的时域自由度,这个数值取决于采用何种 STAP 算法。例如,一个常用的算法是多单元后多普勒 STAP 算法[4],其 STAP 处理时只需少量的多普勒单元($M_f \ll M$)。式(3.39)中的第一项对应的是杂波协方差矩阵估计及其求逆运算所需的操作次数。有多种方法可以完成这两项运算,但是,其所需计算次数通常与空时自由度(NM_f)的立方成正比[21]。式(3.39)中第一项包含因子 M,因为每个脉冲或多普勒单元都需要重新计算杂波滤波器。我们还注意到,分析过程假设了单个或全部的权向量被计算并用于所有的距离单元中。式(3.39)中第二项对应的是权向量对雷达数据进行加权运算所需的操作次数,或者简单地说是权向量与雷达数据的内积运算所需的操作次数。每次加权运算或内积运算都需要进行 NM_f 次计算,而且对于 L 个距离单元和 M 个多普勒单元或脉冲,都要重复这 NM_f 次计算。

考虑到 N_t 个 MIMO 波形带来了额外的空间通道,MIMO STAP 波束形成器的类似的计算复杂度表达式,可写为

$$\text{OPS}_{\text{STAP,MIMO}} = N_t^4 M(M_fN)^3 + N_t^3 NM_fLM \tag{3.40}$$

同样,第一项描述的是权向量计算所需的计算次数,第二项描述的是将权向量用于雷达数据所需的计算次数。我们注意到,这个表达式与式(3.39)是相同

的,只是将式(3.39)中的 N 变成了 NN_t,M 变成了 MN_t,即空间通道数量和多普勒单元(或脉冲)数量增加为原来的 MIMO 波形的 N_t 倍。同时,第二项乘以 N_t 倍,是因为在 MIMO 系统中,协方差矩阵用来计算 N_t 个方向的空时权向量,以覆盖发射波束展宽带来的大监视区域。应当注意到,我们忽略了重新计算权向量时所需的计算量,这是因为这个过程可以使用相同的协方差矩阵求逆结果,而该过程中的其他计算量通常可以忽略不计。

前面已对预处理过程进行了分析,对于搜索雷达,MIMO 系统的 CPI 更长,所以有更长的时间执行这些操作,并且由于发射机波束更宽,因此可覆盖的监视面积也比传统雷达更广。我们可以通过计算每单位监视面积内每秒的计算次数,更直观地比较 STAP 的计算复杂度。

不失一般性,假设传统雷达的 CPI 为 1s(即 M 个脉冲的发射时间为 1s),天线波束与距离跨度覆盖面积为 $1 km^2$,则对于杂波抑制处理来说,式(3.39)中的表达式也是 $FLOPS/km^2$。对于具有相同面积覆盖率的 MIMO 系统来说,CPI 将等于 N_ts,监视面积将等于 $N_t km^2$。于是,每平方千米的 FLOPS 数等于式(3.40)除以因子 N_t^2,如下所示:

$$\text{FLOPS\_norm}_{\text{STAP,MIMO}} = N_t^2 M (M_f N)^3 + N_t N M_f L M \quad \text{FLOPS}/km^2 \quad (3.41)$$

计算式(3.41)和式(3.39)的比值,可以得出 MIMO 系统相对于传统单波形系统进行杂波抑制时计算量的增加量为

$$\text{fac}_{\text{STAP}} = N_t \left(\frac{N_t M_f^2 N^2 + L}{M_f^2 N^2 + L} \right) \quad (3.42)$$

上式中,对于常用的雷达参数来说,第二项接近于 1,因为 L 值通常较大。例如,如果 $N_t = 4$、$M = 128$、$M_f = 3$、$L = 1000$,则第二项为 1.4。因此可以得出,MIMO 系统计算量的增加倍数近似等于 MIMO 波形的数量。这在计算需求上是一个非常显著的增加,因为即使是发射最小数量的波形,MIMO 系统的信号处理硬件需求也会成倍地增加。对于有 SWAP 限制的机载系统来说,这一点将会给实际应用带来巨大的挑战。

3.7.2 自适应杂波抑制方面的挑战

通过上述分析,可以清楚地看出,MIMO 系统通道数量的增加会带来自适应 DoF 数量的增加,从而导致计算需求的增加。同时,DoF 的增加也会使非均匀杂波环境中的自适应杂波抑制滤波器的实现及其性能变得更加复杂[22]。估计杂波抑制滤波器权向量时通常要用到距离维的训练数据(即邻近距离单元)。然而,众所周知的是,训练数据样本的数量必须接近于 DoF 的数量,以确保估计损

失处在较低的水平。Brennan 准则表明[23],当训练样本的数量是自适应 DoF 数量的 2 倍时,损失大约为 3dB。这一结论的前提是训练数据平稳,然而,在恶劣地形和人造杂波充斥的现实环境中,很难得到这种平稳的训练数据。例如,图 3.14 给出了一幅利用 ISL 实验室的 RFView™ 软件(在第 7 章中会对这个软件进行更详细的讲解)生成的机载 GMTI 雷达真实杂波图[24]。这个软件利用非常精确的地形和地面植被资料库生成逼真、专用的杂波场景图,用于分析自适应信号处理算法。在该图所示的场景中,仿真的雷达从南加州海岸起飞,其

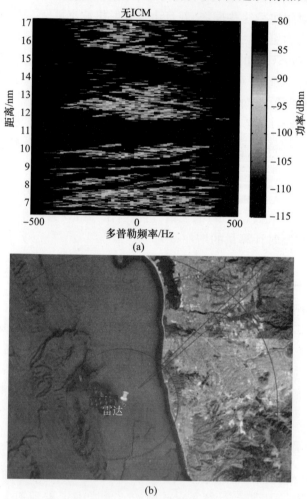

图 3.14 利用 ISL 实验室的 RFView™ 专用雷达模拟器生成的不均匀杂波环境示例图[24]
(该专用雷达模拟器利用地形和地面植被数据资料生成高逼真度的杂波场景)
(a)模拟的杂波;(b)雷达位置、距离跨度和天线主波束的场景展示。

天线主波束指向圣迭戈附近地面。我们看到,在许多区域,场景中的地形变化会引起杂波在距离维上剧烈变化。因为没有足够多的训练数据用于支撑杂波抑制滤波器的估计,所以杂波的这种非均匀性必然会导致自适应杂波抑制性能变差。

传统单波形系统针对这个问题进行了广泛研究,并已经进入了产品开发阶段,包括降 DoF STAP 波束形成器的应用[4]。一种有效的解决方案是:在进行自适应处理之前,利用杂波环境的先验知识,对非均匀杂波数据进行预先处理或去趋势处理。这些方法都属于所谓的基于知识辅助的 STAP 算法(KA - STAP[25-30]、KB - STAP[31-33])。

KA - STAP 技术可以很容易地应用于 MIMO 系统,其应用方式与本章前面所述 STAP 算法的应用方式大致相同。当完成 MIMO 预处理后,就可以简单地将增加 MIMO 通道看成是在空时波束形成器中增加空间自由度。所要求的就是一个空间自由度模型。正如本章前面所述,这只不过是在空间导向向量的基础上增加了发射自由度。图 3.15 给出了一个典型的 KA - STAP 框架[30],这个框架与MIMO系统一起使用是一个不错的方案。这种情况下的处理器应称为基于知识辅助的 MIMO - STAP(KA - MIMO - STAP)。我们可以看到,这个框架包括一个积累杂波环境信息的知识处理器,然后将这些知识馈入常规信号处理器,通过杂波加载技术将这些知识结合到波束形成处理当中[27,34]。相关学者发现,这种处理方法非常适用于传统单波形雷达系统处理非均匀杂波环境[27]。对于自由度通常较大的 MIMO 系统来说,KA 处理方法应该具有更重要的意义。我们将在第 6 章中阐述,在采用一种新的杂波感知与通道估计方法的基础上,如何利用 MIMO 技术来解决这些具有挑战性的数据训练问题。

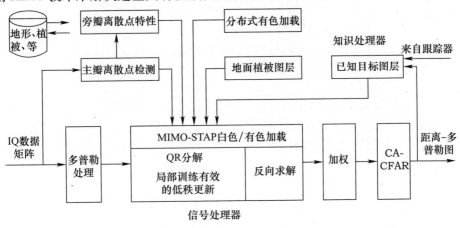

图 3.15 基于知识辅助的 MIMO - STAP(KA - MIMO - STAP)框架

3.7.3 校准与均衡问题

为了获得低旁瓣阵列以及改善到达角（AoA）估计精度，通常需要采用校准技术。但是，在需要进行地杂波抑制的情况下，必须考虑到任何校准误差对系统的干扰（杂波）抑制能力的影响。当进行 STAP 处理时[4]，校准误差可能会增加干扰的秩，从而使杂波抑制变得更为复杂。另外，当假设的与真实的目标导向向量失配时，也会导致信号能量损失。对于传统的单波形系统来说，阵列校准对阵列信号处理的影响已经得到了广泛的研究（如文献[35]的第 12 章及其参考文献）。

绝大多数系统都能进行在线校准。图 3.16 列举了一个系统在线校准的例子。图示的天线阵列中，每个天线的后面都有一个开关，可以从这里注入校准信号。在各通道中，通过接收和处理该校准信号来去除未知误差。首先，我们讨论这些系统通常是怎样校准物理接收通道的，然后讨论在 MIMO 系统中校准合成通道时会面临哪些挑战①。

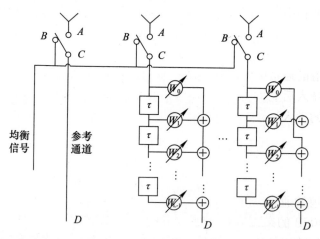

图 3.16 典型的阵列均衡方法。各权重 w_l 均可调整。每次快拍的时延为 τ
（© ISL,Inc. 2017 年。经同意后使用）

各单元到接收机的延迟线长度变化以及其他因素都可能导致各通道相位和幅度发生未知变化。虽然延迟线长度可以控制，其他增益因素也可以校准，但温度变化等因素仍然可能导致校准误差。通道相位通常是一个更为重要的因素。例如，假设图 3.16 所示 B 处注入的均衡信号的幅度和相位是已知的，那么，通道

---

① 感谢 Paul Techau 就通道校准与均衡技术跟我们进行了多次深入的讨论。Paul Techau 在信息系统实验室（ISL）工作时为本节提供了一些材料。

均衡可补偿通道的增益和相位变化。但是，如果对注入信号来说，到每个单元的延迟线长度是未知的，那么，B 处的均衡信号的相位也是未知的（通常，注入信号的幅度更容易控制）。因此，必须要对均衡信号上行链路的相位和幅度进行控制；否则，将会导致校准误差。

要解决这个问题，可采用外部校准。通常在一个已知位置放置一个外部源用来确定阵列对指定 AoA 的响应。然后利用这个响应和假定的单元位置确定各单元的相位校准量。但是，单元位置、多路径或互耦效应等因素的任何误差都会导致所生成的校准向量产生误差。要解决这个问题可使用多个外部源。如果测量了每个信标（4 个或更多）的相位，那么，各阵元的位置和相位可以通过求解一组最小二乘方程确定。

除其他因素外，该方法的效果将取决于平台/阵列组合的互耦与多径等因素。机载或船载校准信标在某些情况下可以进行在线校准，这取决于阵列/平台架构。具有子孔径或波束形成输出的大型平面阵列需做特别的考虑。另一种在线校准技术是利用杂波回波（参考文献[35]中的参考文献）。如果平台速度和阵列方向已知，那么，杂波的角度 – 多普勒谱就已知[4]，而这个关系就可用于校准雷达系统。

阵列通道的通带特性的变化通常取决于通道均衡。常用的实现方法如下：首先在天线输入后立即注入宽带（与通道通带带宽相匹配）波形（关闭天线以防止环境干扰的进入），然后求解每个通道上的一组时延权重（w_l），使得所有通道都能够与参考通道（通常取阵列通道中的某一个通道做参考通道）相匹配[36]，如图 3.16 所示。

这种方法在有效性方面可能存在几个问题。首先，必须使用足够多的快拍补偿阵列通道的通带变化。参考信号在各通道的输入处必须有足够高的 SNR（如果需要 40dB 的杂波抑制，则参考信号的 SNR 必须大于 40dB）。

一个更加难以解决的问题是天线与通道之间的匹配。如图 3.16 所示，当信号处于位置 B 时，基于最大化杂波抑制效果计算均衡权重。但是，因为匹配问题，当开关处于位置 A 时，通道特性可能与开关处于位置 B 时不同。换句话说，通道 ACD 的特性与通道 BCD 的特性不同。这样就可能限制了通道 BCD 能达到的抑制效果。外部均衡信号能解决这个问题，但是当存在其他信号时，这个方法就无效了。

显然，对"只收"天线阵列进行校准与均衡是一项具有挑战性的工作。如果是 MIMO 框架，校准和均衡会更加复杂，因为现有的如图 3.16 所示类型的硬件框架不能简单地对各波形传输通道的增益、相位和通带特征进行校准。如果相同的硬件路径同时用于发射和接收，则可以通过接收校准信息建模发射响应。

另一种方法是:各发射机发射一个校准波形,各接收机顺序接收该校准波形。这样就可以得到一个数据集,进而对系统中的所有发射/接收通道进行估计与均衡,这种方法与前面讨论的使用注入校准信号的方法有些相似。当然,这将增加硬件的复杂性,而且因为天线单元之间存在差异与互耦,所以不能完全去除校准与均衡误差。随着 MIMO 系统的应用越来越广泛以及对杂波抑制等处理的需求,MIMO 雷达校准和均衡误差的消除及其影响需要进行进一步的研究。

3.7.4 硬件方面的挑战与限制

MIMO 雷达中各天线单元都要发射任意的独特的波形,因此,一个 MIMO 系统的实现,其硬件要求会比单波形系统更加复杂,这是因为每个通道都需要多个任意波形发生器和独立的功率放大器。幸运的是,MIMO 波形在那些不要求任意增益与相位控制的应用中很有效。也就是说,可以在少量的增益和相位状态下实现 MIMO 系统。我们会在第 4 章中对此进行举例说明。

相比于传统的单波形系统,为 MIMO 系统开发算法时需要考虑的一个很重要的问题是,MIMO 系统的波形选择可能会影响其发射系统的硬件设备。对于传统系统,为了有效利用发射机放大器,雷达波形的选择通常受恒模(仅相位调制)约束,而通常不会太关注是否有任意相位调制能力。接下来我们会讲到,对于 MIMO 系统,如果阵列上的天线单元之间存在互耦,则波形之间的相对相位会影响发射机的效率,而且也会对发射机硬件产生不利影响。

我们用一个非常简单的两端口设备模型[37-39]来阐述 MIMO 波形设计时需要考虑的 MIMO 系统中硬件的相互作用。图 3.17 是天线模型示意图。输入和输出的关系可用 S 参数公式[40-41]表示如下:

$$\begin{bmatrix} b_1 \\ b_2 \end{bmatrix} = \begin{bmatrix} s_{11} & s_{12} \\ s_{21} & s_{22} \end{bmatrix} \begin{bmatrix} a_1 \\ a_2 \end{bmatrix} \tag{3.43}$$

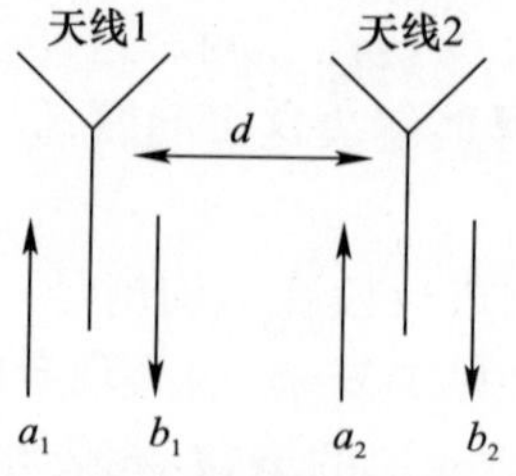

图 3.17 简单的两端口天线阵列模型

该模型中,向量 $[a_1, a_2]^T$ 表示我们要发射的两个 MIMO 波形的瞬时值。参数 s_{11} 和 s_{22} 表示天线输入端对输入信号的反射。显然,一个好的系统应该是反射功率很低,且大多数功率被发射到自由空间。参数 s_{12} 和 s_{21} 表示两个天线之间的互耦。如果是理想的系统,这两个参数应该等于 0,即各天线的性能是相互独立的。然而,在实际使用中,天线之间的互耦是不可避免的,下面会讲到,这种互耦可能会导致 MIMO 波形之间产生相互作用,这一点在实现 MIMO 系统时必须加以考虑。

我们将发射机效率作为输入波形的函数来对发射机效率进行分析。分析天线性能的一个常用指标是驻波比(VSWR)[14]。在利用 S 参数法设计 MIMO 波形时也要考虑驻波比[42]。驻波比指标表征了天线或设备与传输线或其他设备的匹配程度。实践表明,匹配良好的设备和天线可以获得良好的功率效率。例如,我们希望施加在天线阵列上的大部分功率传输到天线上并传播到自由空间。驻波比的值如果较低,则说明匹配良好,而且整体功率效率高。驻波比指标定义为[14]

$$\text{VSWR} = \frac{1 + |\Gamma|}{1 - |\Gamma|} \tag{3.44}$$

式中:Γ 为反射系数,定义为单个端口的输出与输入比(即 $\Gamma = b_1/a_1$)。显然,当互耦参数 s_{12} 和 s_{21} 非零时,VSWR 是天线输入的函数。所以说,MIMO 波形会影响功率效率。

通常采用适当的电磁编码[43]对 S 参数进行建模,或者直接在实验室状态下测量 S 参数[44]。这里我们采用一个简单而又符合逻辑的模型,如下所示:

$$S = \begin{bmatrix} 0.2 & 0.2e^{j2\pi d/\lambda} \\ 0.2e^{j2\pi d/\lambda} & 0.2 \end{bmatrix} \tag{3.45}$$

式中:d 是天线单元间距;λ 是雷达工作波长。式(3.45)中,假设输入处的反射较小,取值为 $s_{11} = s_{22} = 0.2$,这表明在没有互耦的情况下,反射系数为 0.2;对于实际系统来说,VSWR = 1.5 被认为是一个比较理想的工作点,可以将 96% 的功率传输进天线。假设互耦系数 s_{12} 和 s_{21} 具有相同的幅度,而相位取决于天线单元间距。该假设意味着输入进某个天线的信号会耦合到其他天线中,且传播延迟等于 $\tau_c = d/c$,其中 c 为光速。在窄带系统中,这个延迟引起的相位差等于 $2\pi d/\lambda$,即式(3.45)中的指数项系数。

图 3.18 给出了式(3.45)中 S 参数模型($d = \lambda/2$)下端口 1 的 VSWR 随天线阵列扫描角度的变化图。首先我们发现,当阵列正侧视时,VSWR 较低。在这种情况下,从端口 2 耦合到端口 1 的信号相位相差 180°,有助于消除端口 1 中的反射信号。当阵列偏离正侧视进行扫描时,VSWR 缓慢下降。所以,我们看到,控

制自然波束指向(如 sinc 波束方向图)的阵列输入通常可以使半波长间距的窄带天线阵列有效运行。

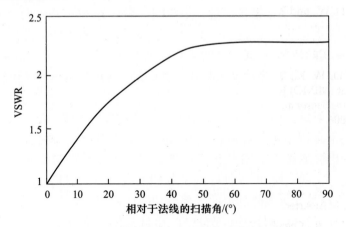

图 3.18　VSWR 与天线扫描角度的关系示意图

当两个 MIMO 波形输入到简单天线模型时,VSWR 曲线如图 3.19 所示。在这种情况下,波形是两个具有单位振幅的随机相位编码序列,样本数是 100,其相位值均匀分布在区间 $[0,2\pi]$ 上。正如预期的那样,我们看到,在波形存在时间内,VSWR 的变化幅度较大,有时会非常高。实际应用时,这些波形通常会导致低功效以及强反射信号,进而可能损坏系统硬件。我们注意到,波形的影响取决于天线之间的互耦程度。例如,对于那些由具有窄方向图的大型子阵组成的高频系统(如 X 波段 GMTI 雷达)和那些由具有宽方向图的天线单元紧密间隔而成的低频系统(如 OTH 雷达)来说,波形对前者的影响将小于对后者的影响。

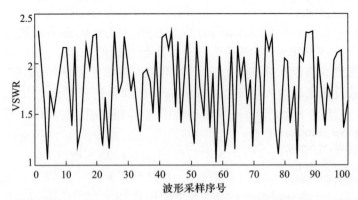

图 3.19　随机相位编码波形 MIMO 系统的 VSWR 与波形样本的关系示意图

参考文献

[1] Bliss, D. W., and K. W. Forsythe, "Multiple-Input Multiple-Output (MIMO) Radar and Imaging: Degrees of Freedom and Resolution," *Conference Record of the Thirty-Seventh Asilomar Conference on Signals, Systems and Computers*, Nov. 9–12, 2003, Vol. 1, pp. 54–59.

[2] Bliss, D. W. K., W. Forsythe, and G. Fawcett, "Multiple-Input Multiple-Output (MIMO) Radar and Imaging: Degrees of Freedom and Resolution," *Adaptive Sensor and Array Processing (ASAP) Workshop*, Lexington, MA, June 6–7, 2006.

[3] Bekkerman, I., and J. Tabrikian, "Target Detection and Localization Using MIMO Radars and Sonars," *IEEE Transactions on Signal Processing*, Vol. 54, No. 10, October 2006, pp. 3873–3883.

[4] Guerci, J. R., *Space-Time Adaptive Processing for Radar*, Second Edition, Norwood, MA: Artech House. 2014.

[5] Guerci, J. R., *Cognitive Radar: The Knowledge-Aided Fully Adaptive Approach*, Norwood, MA: Artech House, 2010.

[6] Lo, K. W., "Theoretical Analysis of the Sequential Lobing Technique," *IEEE Transactions on Aerospace and Electronic Systems*, Vol. 35, No. 1, January 1999.

[7] Kerce, J., G. Brown, and M. Mitchell, "Phase-Only Transmit Beam Broadening for Improved Radar Search Performance," *Proceedings of the 2007 IEEE Radar Conference*.

[8] Bergin, J. S., S. McNeil, L. Fomundam, and P. Zulch "MIMO Phased-Array for SMTI Radar," *Proceedings of the 2008 IEEE Aerospace Conference*, Big Sky, MT, March 2–7, 2008.

[9] Rabideau, D., and P. Parker, "Ubiquitous MIMO Multifunction Digital Array Radar," *Conference Record of the Thirty-Seventh Asilomar Conference on Signals, Systems, and Computers*, Vol. 1, November 9–12, 2003, pp. 1057–1064.

[10] Keel, B.M., J.M. Baden, and T. Heath, "A Comprehensive Review of Quasi-Orthogonal Waveforms," *2007 IEEE Radar Conference*, Boston, April 2007.

[11] Welch, L. R. "Lower Bounds on the Maximum Cross Correlation of Signals," *IEEE Transactions on Information Theory*, Vol. IT-20, May 1974.

[12] Mecca, V., J. Krolik, and F. Robey, "Beamspace Slow-Time MIMO Radar for Multipath Clutter Mitigation," *IEEE International Conference on Acoustics, Speech and Signal Processing*, ICASSP 2008.

[13] Mecca, V., D. Ramakrishnan, and J. Krolik "MIMO Radar Space-Time Adaptive Processing for Multipath Clutter Mitigation," *Fourth IEEE Workshop on Sensor Array and Multichannel Processing, 2006*.

[14] Balanis, C., *Antenna Theory: Analysis and Design*, New York: John Wiley & Sons, 2016.

[15] Van Trees, H. L., *Optimum Array Processing*, New York: John Wiley and Sons, 2002.

[16] Chen, C.- Y., and P. P. Vaidyanathan, "MIMO Radar Space-Time Adaptive Processing Using Prolate Spheroidal Wave Functions," *IEEE Transactions on Signal Processing*, Vol. 56, No. 2, 2008, pp. 623–635.

[17] Perry, R. P., R. C. DiPietro, and R. Fante, "Coherent Integration with Range Migration Using Keystone Formatting," *Proceedings of the 2007 IEEE Radar Conference*.

[18] Bergin, J. S., P. M. Techau, W. L. Melvin, and J. R. Guerci, "GMTI STAP in Target-Rich Environments: Site-Specific Analysis," *Proceedings of the 2002 IEEE Radar Conference*, Long Beach, CA, April 22–25, 2002.

[19] Fenner, D. K., and W. F. Hoover, "Test Results of a Space-Time Adaptive Processing System for Airborne Early Warning Radar," *Proc. of the 1996 IEEE Radar Conference*, Ann Arbor, MI, May 13–15, 1996, pp. 88–93.

[20] Brigham, E., *Fast Fourier Transform and Its Applications*, Upper Saddle River NJ: Prentice Hall, 1988.

[21] Borsari, J., and A. Steinhardt, "Cost-Efficient Training Strategies for Space-Time Adaptive Processing Algorithms," *1995 Conference Record of the Twenty-Ninth Asilomar Conference on Signals, Systems and Computers*, Pacific Grove, CA, August 2002.

[22] Melvin, W. L., "Space-Time Adaptive Radar Performance in Heterogeneous Clutter," *IEEE Transactions on Aerospace and Electronic Systems*, Vol. 36, No. 2, 2000.

[23] Reed, I. S., J. D. Mallett, and L. E. Brennan, "Rapid Convergence Rate in Adaptive Arrays," *IEEE Trans. AES*, Vol. 10, No. 6, November 1974.

[24] https://rfview.islinc.com/RFView/.

[25] Bergin, J. S., C. M. Teixeira, P M. Techau, and J. R. Guerci, "Reduced Degree-of-Freedom STAP with Knowledge-Aided Data Pre-Whitening," *Proceedings of the 2004 IEEE Radar Conference*, Philadelphia, April 26–29, 2004.

[26] Bergin, J. S., G. H. Chaney, and P. M. Techau, "Performance Evaluation of Knowledge-Aided Processing Architectures," *Proceedings of the Adaptive Sensor Array Processing Workshop*, MIT Lincoln Laboratory, Lexington, MA, June 6–7, 2006.

[27] Bergin, J. S., C. M Teixeira, P. M. Techau, and J. R. Guerci, "Improved Clutter Mitigation Performance Using Knowledge-Aided Space-Time Adaptive Processing," *IEEE Transactions on Aerospace and Electronic Systems*, Vol. 42, July, 2006, pp. 997–1009.

[28] Guerci, J. R., and E. J. Baranoski, "Knowledge-Aided Adaptive Radar at DARPA: An Overview," *IEEE Signal Processing Magazine*, Vol. 23, No. 1, January 2006.

[29] Capraro, C., G. Capraro, D. Weiner, M. Wicks, and W. Baldygo, "Improved STAP Performance Using Knowledge-Aided Secondary Data Selection," *Proceedings of the 2004 IEEE Radar Conference*, Philadelphia, April 2004, pp. 361–365.

[30] Bergin, J. S., D. R. Kirk, G. Chaney, S. C. McNeil, and P. A. Zulch, "Evaluation of Knowledge-Aided STAP Using Experimental Data," *Proceedings of the 2007 IEEE Aerospace Conference*, Big Sky, MT, March 1–8, 2007.

[31] Capraro, C., G. Capraro, D. Weiner, and M. Wicks, "Knowledge Based Map Space Time Adaptive Processing (KBMapSTAP)," *Proceedings of the 2001 International Conference on Imaging Science, Systems, and Technology*, Las Vegas, NV, June 2001, pp. 533–538.

[32] Wicks, M., et al. "Space-Time Adaptive Processing: A Knowledge-Based Perspective for Airborne Radar," *IEEE Signal Processing Magazine*, Vol. 23, January 2006.

[33] Capraro, G., et al. "Knowledge-Based Radar Signal and Data Processing," *IEEE Signal Processing Magazine*, Vol. 23, January 2006.

[34] Hiemstra, J. D., "Colored Diagonal Loading," *Proceedings of the 2002 IEEE Radar Conference*, Long Beach, CA, April 22–25, 2002.

[35] Klemm, R., *Space-time Adaptive Processing: Principles and Applications*, London: The Institution of Electrical Engineers, 1998.

[36] Haykin, S., *Adaptive Filter Theory*, Upper Saddle River, NJ: Prentice Hall, 1996.

[37] Wang, M., W. Wu, and Z. Shen, "Bandwidth Enhancement of Antenna Arrays Utilizing Mutual Coupling between Antenna Elements," in *International Journal of Antennas and Propagation: Mutual Coupling in Antenna Arrays*, T. Hui, M. Bialkowski, and H. Lui (Guest Editors), 2010, Hindawi Publishing Corporation.

[38] Lo, K., and T. Vu, Simple S-Parameter Model for Receiving Antenna Array," *Electronics Letters*, Vol. 24, No. 20, September 1988.

[39] Haynes, M., and M. Moghaddam, "Multipole and S-Parameter Antenna and Propagation Model," *IEEE Trans. on Antennas and Propagation*, Vol. 59, No. 1, January 2011.

[40] Pozar, D., *Microwave Engineering*, New York: John Wiley and Sons, 2012.

[41] Harrington, R. F., *Time Harmonic Electromagnetic Fields*, New York: McGraw-Hill, 1961.

[42] Mecca, V., et al. "Slow-Time MIMO STAP with Improved Power Efficiency," *Conference Record of the Forty-First Asilomar Conference on Signals, Systems, and Computers*, Pacific Grove, CA, November, 2007.

[43] G. J. Burke, Numerical Electromagnetics Code—NEC-4: *Method of Moments*, Parts I (User's Manual) and II (Theory), Lawrence Livermore National Laboratory, UCRL-MA-109338, 1992.

[44] "S Parameter Design," Agilent Application Note AN-154, www.agilent.com, 2000.

精选文献目录

De Maio, A., M. Lops, "Design Principles of MIMO Radar Detectors," *IEEE Transactions on Aerospace and Electronic Systems*, Vol. 43, No. 3, July 2007.

Fuhrmann, D. R., G. S. Antonio, "Transmit beamforming for MIMO radar systems using partial signal correlation" *Conference Record of the Thirty-Eighth Asilomar Conference on Signals, Systems, and Computers*, Vol. 1, Nov. 7-10, 2004, pp. 295–299.

Li, J., P. Stoica, (eds.), *MIMO Radar Signal Processing*, John Wiley & Sons, Inc. 2009

Robey, F. C., et al., "MIMO radar theory and experimental results," *Conference Record of the Thirty-Eighth Asilomar Conference on Signals, Systems, and Computers*, Nov. 7–10 2004, Pacific Grove, CA.

San Antonio, G., D. R. Fuhrmann, "Beampattern synthesis for wideband MIMO radar systems," *1st IEEE International Workshop on Computational Advances in Multi-Sensor Adaptive Processing*, Dec. 13–15, 2005, pp. 105–108.

Tabrikian, J.," Barankin Bounds for Target Localization by MIMO Radars" *Fourth IEEE Workshop on Sensor Array and Multichannel Processing*, July 12–14, 2006, pp. 278–281.

Xu, L., J. Li, P. Stoica, "Adaptive Techniques for MIMO Radar," *Fourth IEEE Workshop on Sensor Array and Multichannel Processing*, July 12-14, 2006, pp. 258–262.

第 4 章　MIMO 雷达的应用

本章讨论第 3 章所述 MIMO 雷达技术的各种应用。我们首先讨论机载 GMTI 雷达。由于平台 SWAP 的限制，机载 GMTI 雷达系统的天线孔径和空间通道有限，但 MIMO 技术可以提升该系统的性能。随后，我们将讨论同样的 MIMO 天线在海用雷达上的应用。接下来，我们将讨论 MIMO 技术在 OTH 雷达中的应用，其中，利用 MIMO 天线能够在接收机信号处理器中同时控制或调整发射与接收空间响应，抑制被复杂 OTH 传播通道有色化的复杂波。最后，我们对车载雷达这一新兴的 MIMO 雷达应用进行了讨论，然后过渡到第 5 章和第 6 章。第 5 章和第 6 章讨论了最优 MIMO 雷达理论，该理论的发展将支撑未来的 MIMO 雷达应用，包括认知和完全自适应雷达模式，其中不仅利用了 MIMO 系统的发射空间分集，而且还能基于被观测的干扰与目标环境动态地进行空时波形的精细化自适应调整。

4.1　GMTI 雷达概述

GMTI 雷达通常是用于机载平台下视观测的脉冲多普勒雷达，采用多普勒处理区分地面运动目标与地杂波。雷达平台的运动导致地杂波的多普勒谱展宽，对于给定的距离单元，多普勒谱展宽通常是方位角的函数。所以，需要性能良好的天线才能把目标与杂波分离开，通常要求天线具有窄的方位主瓣和低的方位旁瓣。当旁瓣较低时，在给定的平台速度和视线方向条件下，天线的主波束宽度成为了限制雷达杂波中目标区分能力的主要因素。图 4.1 针对侧视情况给出了天线孔径大小与目标/地杂波可分性之间的关系。GMTI 的一个重要参数是：给定信杂比（SCR）的目标被可靠检测时对应的多普勒频移，即所谓的最小可检测速度（MDV）。

图 4.2 给出了一张雷达参数表以及信噪比随距离的变化曲线。这些参数描述的是一个小型无人机平台上的典型雷达系统。计算得出的 SNR 表明，探测距离超过了 70km。图 4.3 列举了这组雷达参数下仿真 GMTI 杂波的一些示例，这些示例说明了地杂波扩展与平台速度和天线尺寸之间的关系。我们将

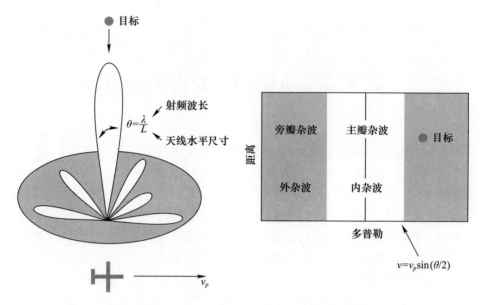

图4.1 侧视情况下,天线孔径大小与目标/地杂波可分性之间的关系

会阐述,MIMO雷达框架提供的有效孔径越大,则探测慢速运动目标的能力越强。

参数	值	说明
P_t	1kW	发射机峰值功率
δ	0.1	占空比
G_t	37dB	发射天线增益
G_r	37dB	接收天线增益
σ_t	5dBm	目标RCS
λ	0.03m	波长
L_s	5dB	雷达系统损失
T	300K	噪声温度
M	115	脉冲数
f_p	2000Hz	PRF
B	50MHz	带宽
h_p	3km	平台高度
T_r	3s	重访时间
F_n	5dB	噪声系数

(a)

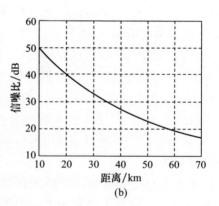

(b)

图4.2 小型无人机平台上典型的GMTI雷达系统参数
(a)和单个CPI(115个脉冲)条件下的SNR-距离曲线(b)

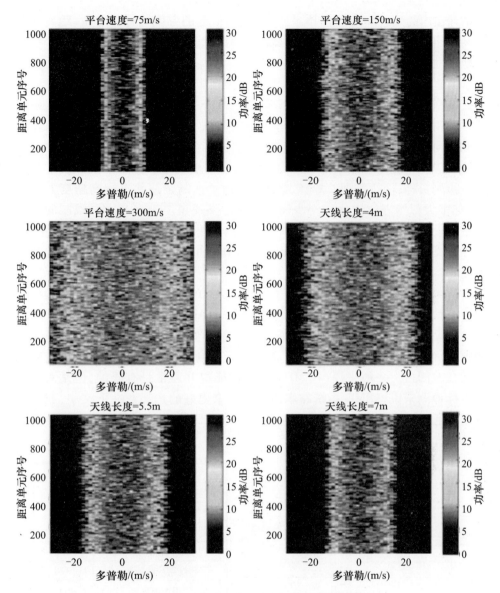

图 4.3 一些杂波仿真示例,表明了平台速度和
天线孔径大小对杂波多普勒展宽的影响

采用非自适应和分步处理的策略就可以很容易检测到与杂波分离度较大的高速运动目标,这种非自适应的分步处理方法,首先通过传统多普勒处理,利用 CPI 中的脉冲完成目标检测,然后利用可用的系统空间通道进行方位估计。大多数 GMTI 系统至少配置两个天线通道,在每次目标检测时,利用包括极大似然

角估计在内的先进阵列处理技术[1],生成高精度的方位估计。方位、距离和多普勒估计结果通常用作跟踪算法的输入,而跟踪算法的输出是场景中每个目标的地理位置估计与运动航迹。

慢速运动目标的检测与定位则更具挑战性,需要更加先进的系统配置和信号处理算法。如果被检测目标的径向速度小于主瓣杂波谱宽,那么雷达系统通常采用STAP[2]。STAP同时结合系统的时域与空域通道,形成一个滤除地杂波并同时保留目标回波信号的空时滤波器。众所周知,STAP能提供更优的系统MDV[2],但是对系统空域通道的数量有要求。为了抑制杂波并在主瓣杂波中检测目标,至少需要2个天线通道。为了抑制杂波并进行高精度方位估计(如极大似然方位估计),至少需要3个空域通道。为有SWAP限制的无人机平台设计小型低成本雷达系统时,经常出现物理空间通道数量受限的问题,而在下文中我们将表明,在此情形下,MIMO虚拟天线单元能够显著提升系统性能。

图4.4是MIMO雷达与传统两通道GMTI雷达的目标SINR对比示意图[2]。两种情况都采用了多单元后多普勒STAP算法,其中利用了5个相邻的多普勒自由度[2]。这里我们假设MIMO波形间的互相关为零。正如所预期的那样,由于扩展虚拟孔径带来了MIMO天线高分辨特性,MIMO系统具有更窄的杂波凹口。一般来说,在MDV上的性能提升通常是有限的,但是对于慢速目标检测来说,MIMO系统在本质上是一个更好的选择。在下文中,我们将利用两通道系统阐述MIMO系统的一个重要优势,即同时进行目标检测与定位。

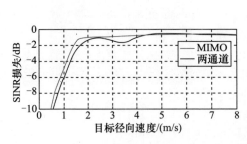

参数	值
PRF	4kHz
天线	0.75m
CNR	15dB
MIMO脉冲数	256
传统系统脉冲数	128
平台速度	40m/s

图4.4 MIMO雷达与传统GMTI雷达的目标SINR对比示意图
(两通道曲线代表传统GMTI系统。系统的基本参数如右边表格所示)

GMTI系统在检测到目标后就进行目标的方位估计。一种常用的方法是对目标方位进行极大似然估计。理论上,这需要对方位维和多普勒维上的空时响应进行二维联合峰值搜索。实际上,通常只需在被检测目标的多普勒单元中沿

角度对空时天线方向图进行搜索就足够了,计算方法如下[3-4]:

$$\hat{\theta} = \arg\max_{\theta} |w'(\theta,\hat{f})y_s|^2 \qquad (4.1)$$

式中:$w(\theta,\hat{f})$是根据式(3.20)计算得出的空时滤波器,$\hat{f}$是被检测目标的多普勒估计值(多普勒单元频率)。当目标的多普勒频移能够从主瓣杂波中很好地分离时,该估计值就会很准确。当目标的多普勒频移较小且目标回波靠近杂波时,该估计值误差较大。图4.5对此做了说明,图中展示了当一个目标位于方位角90°(视轴方向)时,MIMO雷达和传统雷达的极大似然角估计曲面。

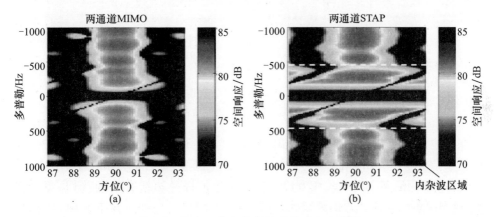

图4.5　极大似然方位估计曲面对比示意图
(a)MIMO 处理;(b)传统处理。

在这个示例中,我们采用理想的杂波协方差矩阵 R_t 计算 $w(\theta,\hat{f})$。正如所预期的那样,在杂波区域内,MIMO 对应的估计曲面更加准确(本例中多普勒频移的绝对值低于500Hz)。

图4.6给出了目标多普勒为 −188Hz 时的空间响应随方位的变化曲线。在正确的目标方位处,MIMO 响应呈现出一个清晰的峰值,而传统系统的响应在此处却非常平坦,这意味着后者的定位估计性能较差。如上所述,因为增加了有效空间自由度以支撑同时进行的杂波抑制与方位估计,MIMO 系统性能更优。我们注意到,当物理通道数量增加到3时,对于杂波内目标的情形,MIMO 系统与传统系统之间的差异就不那么明显了;但是下文中我们将阐述,MIMO 系统将会展现出本质上更优的性能。

图4.7展示了 MIMO 系统与传统系统的方位估计性能,它们是目标多普勒和 SNR 的函数。这些结果是通过5000次蒙特卡洛(Monte Carlo)实验计算得到的。我们看到,当目标能很好地从杂波中分离时(高速),MIMO 阵列相对传统阵

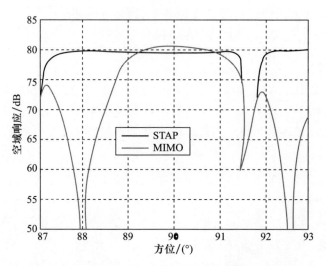

图 4.6 在图 4.5 所示曲面中取多普勒为 −188Hz 切片对应的曲线。STAP 为传统的两通道系统

列在方位估计性能上的提升符合式(3.24)与式(3.25)给出的 $\sqrt{2}$ 倍关系。当目标处于杂波中时,MIMO 天线与传统天线之间的差异则更加明显。在本例中,对于某些 SNR 值,MIMO 天线在方位估计精度上的提升达到了 2 倍以上。这意味着,MIMO 系统提供了两倍天线孔径的性能。

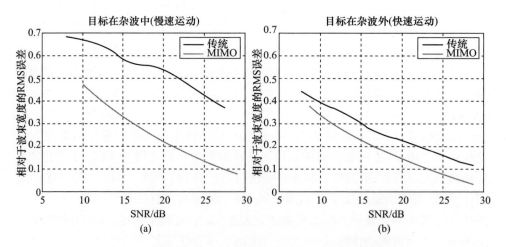

图 4.7 MIMO 系统与传统系统的方位估计性能曲线对比,
Conv 曲线对应的是传统单波形系统
(a)慢速目标的情况;(b)快速目标的情况。

4.2 低成本 GMTI MIMO 雷达

本节以案例研究的方式讨论如何给一个实际雷达系统添加 MIMO 功能。如图 1.3 所示，这是一个能在无人机平台上操作并有非常严格的尺寸、重量和功率限制的低成本雷达系统。

最初的雷达包含一个能够满足平台负载限制的小型天线。该天线具有两个相位中心和后端电路以支持双通道处理。正如本章之前所讨论的那样，这个专为小型无人机平台设计且用于检测快速目标的雷达系统，因为其受限于两个通道，针对慢速目标的 GMTI 能力有限，所以该系统是用于进行 MIMO 改造的理想对象。通过从两个通道发射低相关波形，就可以合成额外的用于检测低速目标同时进行高精确度方位估计的空间通道。

应用 MIMO 技术的一个关键问题是找到一种能有效分离波形的方法，同时不会明显影响系统性能、实现代价以及复杂度。如第 3 章所述，理论上有多种分离发射通道的波形可供选择。一种显而易见且值得关注的选择是在每条通道上采用特定相位编码脉冲的 CDMA 类波形。该类波形有一个很好的优势，即它允许两通道以相同的频带进行发射，同时限制了对雷达时序和所需带宽的影响。这些波形可以有效地使用功率放大器以恒模方式进行发射。

在具有强分布式杂波的机载 GMTI 应用中使用 CDMA 类波形的主要挑战是：若波形并非完全正交，那么，波形间的互相关将导致通道间发生严重的杂波泄漏，这是使用编码波形时必然会出现的固有问题（如第 3 章所述）。波形间的隔离度通常达到 30~40dB，这使得由单个杂波分辨单元从一个波形泄漏到另一个波形匹配滤波器而导致的互相关噪声非常小，但是即便如此，来自所有雷达分辨单元的噪声累积起来还是能够轻松超过热噪声的基底，从而降低了系统的灵敏度。

如图 4.8 所示，我们模拟了一个在分布式杂波中检测单目标的两通道 X 波段 GMTI 雷达。图中分别展示了采用 LFM 波形的传统单波形系统、采用随机相位编码波形的传统系统和采用两个随机相位编码波形的 MIMO 系统的处理结果。在所有情形中，空间通道已经过相参处理，指向天线阵列的视轴方向（即正侧视）。前两种情形是接收阵元的传统波束形成，而对于 MIMO 系统，则是联合接收阵元与发射阵元共同形成波束方向图。所有情形产生的响应都是第 3 章所述的雷达天线孔径的双程方向图。在每种情形下，零多普勒附近的主瓣地杂波都是清晰可见的。对于 LFM 系统来说，杂波在多普勒维与目标是分离的。而对于相位编码波形来说，因为杂波通过相位编码波形的高距离旁瓣泄露出来了，所以背景噪声增多了。在这里,我们清楚地看到 MIMO 系统的背景噪声是最高的,其原因在于场景中的所有杂波通过波形间的互耦引入了大量的互相关噪声。如第 3 章所述,这种噪声降低了雷达的灵敏度并限制了 MIMO 框架所能带来的性能提升。需要注意的是,更好的波形设计,如设计具有更好隔离度的 CDMA 波形,是降低杂波泄漏问题影响的一种可行手段。但是对于大多数系统来说,强分布式杂波背景使得该方法的实现变得异常困难。

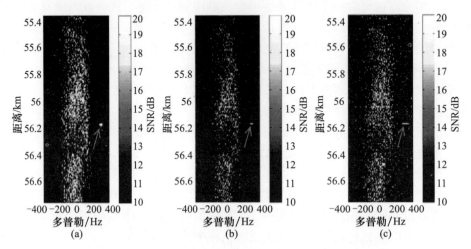

图 4.8　距离 – 多普勒杂波图(箭头所指是场景中的目标)
(a)采用 LFM 波形的传统雷达;(b)采用随机相位编码波形的传统雷达;
(c)采用两个随机相位编码波形的 MIMO 雷达。

幸运的是,经证明,非 CDMA 波形方法能为 MTI 应用提供好的性能。一种常用的方案是 DDMA[7],即每个发射通道采用不同的脉间相位编码。例如,每个通道可能有一个特定的相位阶梯(多普勒频移),从而使得来自各发射通道的信号能够在多普勒域中被直接分离开。如图 4.9 所示,这是一个具有三波形的 MIMO 系统。对于此处考虑的两通道系统,将图 4.10 中所示的相位阶梯用于每个天线单元,使得回波信号与杂波在雷达波形的每个无模糊多普勒半空间中分离开来。因为能提供更高的通道间隔离度,该方法比 CDMA 类波形效果更好。接下来我们将会看到,该方法实际上是一种能提供完全正交波形的 TDMA 方法。同时,由于我们能在单个脉冲上采用任意的基带波形,因此我们可以自由地使用诸如 LFM 这样的能使远距离分布式杂波充分衰减的波形,从而避免如图 4.8 中出现的灵敏度损失。

跟任一 MIMO 系统的实现过程一样,不同的通道采用不同的波形,这就意味着每个通道背后都会有一个不同的发射电路。例如,如图 4.11 所示,在为现有

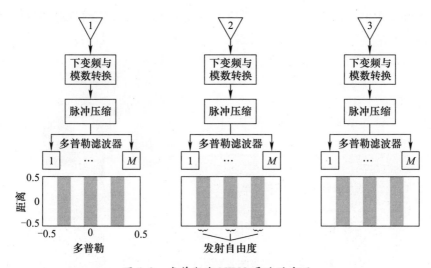

图 4.9 多普勒域 MIMO 雷达的实现

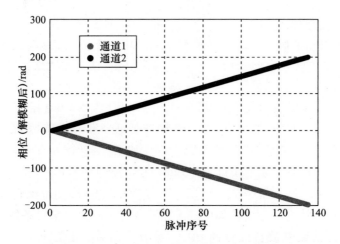

图 4.10 随脉冲序号变化的 DDMA 波形相位响应

的两通道雷达增添 MIMO 功能时,就需要添加一个额外的波形发生器和功率放大器,用于生成第二个波形。从成本、大小、重量和功率的角度来看,这种加装硬件的方式对于许多系统来说都是不切实际的。对于现有这台两通道雷达来说,额外地加装硬件,同时还要满足系统成本与 SWAP 要求,这是不现实的。事实上,相比于加装额外的电路来构建更多的物理接收通道,加装额外的发射硬件可能会更加困难。如图 4.11 所示,为了实现机载雷达 360°方位覆盖的常规要求,现有这台雷达采用机械旋转天线,天线上有一个特殊设计的旋转装置,允许大功率射频发射信号通过旋转天线。在这种情况下,即便能将两个波形发生器和功率放大器添加到雷达电路中,也需要重新设计旋转装置以使两个射频信号能够通过天线。

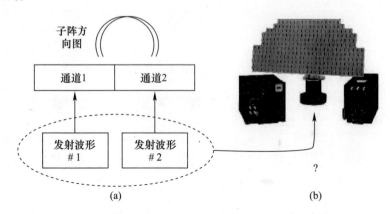

图 4.11　具有多波形发生器的简单的 MIMO 实现方式(a),
以及现有的单发射波形雷达,通过旋转关节将单一发射波形送入天线(b)

接下来我们要阐述的是,不采用基于信号处理概念发展而来的理论 MIMO 框架,我们可以在不明显影响系统成本和 SWAP 的情况下实现对 MIMO 的利用。事实上,一些研究人员已经提出了令人信服的分析,认为 MIMO 系统实际上比单波形系统更具有成本效益[8]。这对于将硬件的热管理成本包含进系统设计中的 AESA 系统来说尤其如此。

我们首先假设一个 DDMA 方法,该方法在每个发射通道/天线上设置一个特定的多普勒频移(相位阶梯)来生成 MIMO 通道,这样信号在多普勒域中是均匀间隔的[7](图 4.9)。第 n 个通道中设置的多普勒频率为

$$f_n = \left(n - \frac{N_s - 1}{2}\right)\frac{f_p}{N_s}, n = [0, 1, \cdots, N_s - 1] \tag{4.2}$$

式中:N_s 是发射通道的数量;f_p 是 PRF。第 n 个通道的相位为

$$v_{n,m} = e^{j2\pi f_n T_p m} \tag{4.3}$$

式中:T_p 是 PRI;m 是脉冲序号。从天线阵列的角度看,波形的作用是对每个天线输入赋予一个相对相位差,这将改变每个脉冲的远场天线方向图。将式(4.2)中的 f_n 代入上式,可得

$$v_{n,m} = e^{j2\pi\left(n - \frac{N_s - 1}{2}\right)\frac{m}{N_s}} \tag{4.4}$$

对于两通道系统($N_s = 2$)相干处理间隔的前 4 个脉冲,图 4.12 中表格的前两列列出了其响应的相位 $v_{n,m}$。我们看到,每个通道中的信号在奇数脉冲上是同相的,在偶数脉冲上是 180°反相的。因此,如图 4.13(a)所示,该系统在奇数

脉冲上发射和波束,在偶数脉冲上发射差波束。通过求相邻通道 n 和 $n+1$ 的相位差,可进一步得出

$$\Delta\phi = \frac{2\pi}{N_s}m \qquad (4.5)$$

脉冲序号(m)	初始相位阶梯：和方向图与差方向图		在一条通道上增加90°：序贯波瓣	
	$n=0$	$n=1$	$n=0$	$n=1$
0	0	0	0	$\pi/2$
1	$-\pi/2$	$\pi/2$	$-\pi/2$	π
2	$-\pi$	π	$-\pi$	$3\pi/2$
3	$-3\pi/2$	$3\pi/2$	$-3\pi/2$	0

图 4.12　因 MIMO 波形而产生的各天线上的相移(n 是天线序号)

当 $N_s=2$ 时 $\Delta\phi=\pi m$,此时,我们看到两个天线上的信号在奇数脉冲上是同相的,在偶数脉冲上是反相的。值得注意的是,对于 3 种 MIMO 波形的情况,各通道间、脉冲间的相对相位产生的方向图会在和波束与前后偏离一个自然波束宽度的全孔径波束之间进行交替。因此,当 MIMO 发射通道的数量为奇数时,MIMO 系统可以有效地利用自然波束方向图在脉间进行天线扫描。当通道数量是偶数时,某些脉冲上的方向图可能不是自然波束方向图,正如 $N_s=2$ 时,其中一个方向图为差方向图。

总之,能在脉冲间转换波束的简单发射天线,可以获得与更加复杂的 DDMA 波形相同的发射空间自由度。这样我们可以看到 DDMA MIMO 方法能有效地增强单脉冲系统的发射能力。在接收机中,通过采取每隔一个脉冲接收一个脉冲的方式就可以分离发射自由度,即脉冲 1、3、5、…为发射通道一,脉冲 2、4、6、…为通道二。

如第 3 章所述,当系统天线通道的发射阵元之间存在非零互耦时,必须考虑发射 MIMO 波形对系统发射硬件的影响。对于此处考虑的 X 波段雷达,由于子阵的天线方向图相对较窄,因此,由两个较大子阵构成的平面天线在发射通道之间并不会呈现出大量的相互耦合。不过,利用 DDMA 方法展现天线的电压驻波比如何随天线的相对相位变化而在脉冲间发生变化这一现象,还是具有一定启发性的[9]。

对于互耦的发射天线阵列,我们采用了第 3 章中提出的两端口天线模型。此时,假设一个类似于这里所考虑的 X 波段天线,不过,假设我们对每个单独的天线阵元都有相位控制能力,而且根据第 3 章中的模型,假设每个相邻的阵元对之间存在互耦,另外,为了简单起见,假设所有其他阵元对之间都是独立的(即不存在耦合)。图 4.14 分别给出了单波形与 DDMA 波形情况下计算得到的电

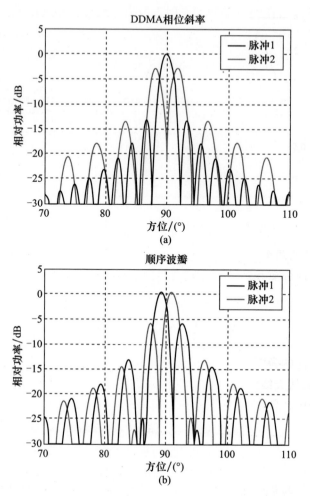

图 4.13 由 DDMA 波形形成的天线方向图（改进了 DDMA 以提升发射机效率与 VSWR）

压驻波比。我们看到,在两通道情况下,DDMA 波形在脉冲间产生了较大的电压驻波比变化。特别是,当输入波形形成前面所讨论的差波束时,电压驻波比会显著增加。我们注意到,因为这里的模型假定通道之间有相当高的耦合度,所以对于所考虑的实际 X 波段硬件来说,电压驻波比的这种变化可能并没有那么明显。但是,对于采用具有更宽天线方向图和更高天线耦合度的独立 MIMO 通道的雷达系统来说（如本章随后要讨论的 OTH 雷达）,如参考文献[9]中讨论的那样,在整个 MIMO 波形与天线设计过程中必须重点考虑电压驻波比的变化。

如图 4.12 表格中的最右侧两列所示,为了避免使用差波束进行发射,可以对其中一个 DDMA 波形增加 90°的恒定相移。这样做并不会改变 MIMO 系统的

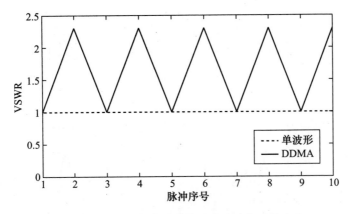

图 4.14 DDMA 与传统单波形系统的电压驻波比

性能,因为得到的两个 DDMA 波形仍然具有独立的相位斜率,仍然能够在多普勒域中进行波形分离并且可以在信号处理器中考虑常相位项。这就得到了脉冲间能够在相邻两个全孔径波束之间进行切换的天线(如顺序波瓣[10]),而不是和差波束(单脉冲发射)。两种情形的波束方向图如图 4.13(b)所示。注意:由于在发射通道中使用了相位中心间隔远大于半波长的子阵列,因此这种情况下的波束具有较高的旁瓣。

如上所述,从天线的角度考察 DDMA 方法的主要好处在于可以用不太复杂的硬件采集 MIMO 数据。例如,各天线上的任意波形发生器可以用更加简单的移相器替代。在这种情况下我们已经表明,只需在两个天线位置之间切换波束,而这在理论上可以使用具有两相位状态的单移相器来实现,如图 4.15 所示。此时,我们将在其中一个发射天线后面使用大功率移相器,而使另一发射机路径保持未调制状态。我们注意到,与使用脉间两相位斜率作为波形集这种实现过程不同的是,该实现过程使用了一个双相调制信号和常相位信号。关键在于系统提供了发射能量的时变编码,这可以在 MIMO 处理器中加以利用。正如我们这里所展示的,从该角度考察 MIMO 系统可直接得到一个简化的硬件实现方案。

值得注意的是,任何能提供发射能量时变编码或发射天线方向图时变的系统都可以看作是一个 MIMO 系统。一个有趣的例子是本书中所讨论的扫描天线。在传统工作模式中,当天线扫描时,系统在每个波束位置接收多个脉冲。如果是双倍的 CPI,则系统将接收到与对应 MIMO 系统相同数量的脉冲(假设 MIMO 系统 CPI 是双倍的,用来补偿发射增益的损失,见第 3 章所述)。此时,前半部分脉冲将用于波束位置一,后半部分脉冲用于波束位置二。相比之下,

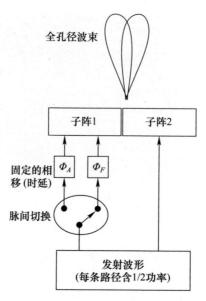

图 4.15 与 DDMA MIMO 性能相同的简化两通道 MIMO 天线框架

MIMO 系统也使用相同的脉冲集,但是波束在脉冲间往返(交错)扫描。因此,我们看到该基础扫描系统与 DDMA MIMO 系统实际上是以不同的顺序收集了相同的数据。对于没有在时间上去相关的目标和杂波信号,我们预计这两种系统的性能是相似的,但是因杂波内运动(ICM)等影响而出现明显的杂波去相关时,顺序波瓣系统会呈现出较少的杂波抑制损失。此外,顺序波瓣系统的优势在于对目标的积累时间较长,因而在多普勒域中,能更好地分辨目标。

用顺序波瓣法实现 MIMO,就是通过简单地扫描所需数量的波位,从而产生了更多的发射通道。例如,如果需要 3 个发射通道,则天线在脉冲间扫描 3 个相邻波位。与传统 DDMA 方法一样,因为 PRF 实际上减小了"CPI 期间访问的波位数"倍,因此,对每个新增的发射通道而言,可用的无模糊多普勒空间减小了。不同于在各发射通道中采用任意波形发生器的复杂系统,该方法的主要优势在于能产生具有非常简单的扫描天线的 MIMO 通道。

DDMA 法会影响波形的模糊特性。一般 X 波段雷达的模糊函数图如图 4.16 所示。最大无模糊距离为 150km,最大无模糊多普勒为 15m/s。对于具有顺序波束的 DDMA MIMO 来说,雷达模糊函数与目标的方位角有关。例如,位于两个波束间天线正侧面处的目标将具有与基础系统相同的模糊度,因为目标将被每个脉冲以相同的能量照射,然而,位于一个顺序波束峰值处的目标只会隔一个脉冲被照射一下,导致目标回波的有效 PRF 仅为一半。

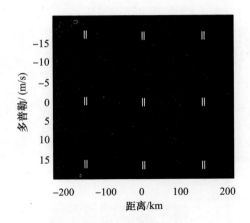

图 4.16 基础波形的模糊函数(无模糊多普勒约为 15m/s,无模糊距离为 150km)

图 4.17 以 3 个不同的方位角对此进行了说明。我们看到,最大的影响是损失了可用的无模糊多普勒空间。对于所考虑的系统,因为新 MIMO 模型的应用是检测慢速运动目标,因此可用无模糊多普勒空间的损失是可以接受的。当需要对高速运动目标进行检测与定位时,该损失可能会限制 MIMO 方法的应用,需要与 MIMO 的整体性能优势进行权衡。此时,一个可选的方案是,通过增加第三个接收天线相位中心来实现良好的慢速目标检测与方位估计,并避免 MIMO 对雷达模糊度的影响。若是各通道增加更多的相位控制,就有可能优化雷达模糊度以改善无模糊多普勒空间,但是,这会增加硬件成本与复杂度。最后,从系统层面进行设计也可以使 MIMO 模式在更高的 PRF 下(这相当于减少脉宽以保持相同的平均发射功率)工作。在这种情况下,该设计就是以可用无模糊距离换取更多的可用无模糊多普勒空间。

选用的系统结构如图 4.18 所示。从校准与通道均衡的角度来看,在各天线后端使用相同的高功率切换开关是一个更好的选择。在各路径中使用相同的硬件可确保通道之间更好的整体匹配。最后我们看到,需要在各发射天线或子阵列的输入处配置一个高功率开关和低复杂度移相器,才能产生与更为复杂的 DDMA 波形相同的发射自由度。该结构的硬件实现采用了法拉第转子移相器技术,并集成了美国电信公司的带有两相位中心的无人机雷达天线系统。由于要在发射路径中使用移相器,因此,在硬件设计方面,关键是要找到具有低插入损耗的高功率移相设备。与图 4.18 所示的高功率开关和恒定移相器相反,最终使用的设备是具有两种状态(0°和 90°)的法拉第转子移相器,且在系统 PRF 处进行切换。经过多次设计与测试迭代,最终制造出一种发射路径插入损耗小于 0.5dB 的 MIMO 天线。新系统已试飞并用于数据采集,以展示新型低成本 MIMO

模式的性能。下文将介绍实验数据的处理结果。

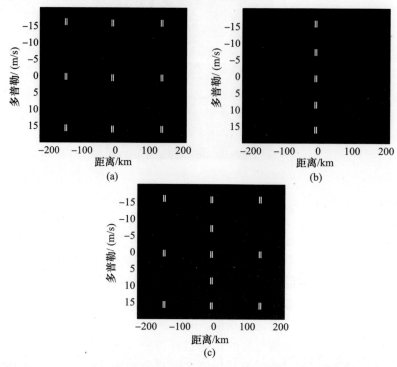

图4.17 正侧面处信号的MIMO模糊函数(a)、偏离正侧面一个波束宽度处信号的MIMO模糊函数(b)和偏离正侧面半个波束宽度处信号的模糊函数(c)

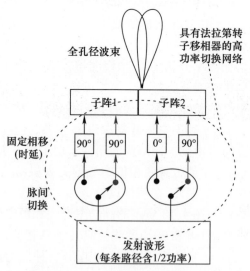

图4.18 低成本MIMO框架(注意:仅需要一个单波形发生器)

这种新型波束切换 MIMO 技术于 2015 年 5 月在 King Air 号试验飞行器上成功完成了飞行测试。沿纽约长岛南岸飞行并采集数据。该基础雷达包含一个带有两个不重叠接收子阵的 18 英寸水平天线孔径。该天线最初是为检测和跟踪快速运动目标而设计的,但对杂波内目标的方位估计性能有限。此次基于波束转换 MIMO 模式的升级显著提升了方位估计性能,但代价是增加了第 3 个接收通道。由于小型无人机平台的载重限制约为 50lb,因此,需要做大量工程上的努力才能使专门为该小型无人机平台设计的雷达系统达到严格的大小、重量和功率要求。

图 4.19 给出了数据采集试验的几何场景。King Air 号沿长岛南岸上下飞行,天线以法线为中心机械扫描 60°,并在侧面处以 6s 的重访时间向机身右侧观察。这种扫描方式确保了雷达主瓣能持续照射测试区域。图 4.19 中也展示了陆上的测试区域,包括了一个移动目标模拟器(MTS)和一辆装备 GPS 的汽车。采集的数据包括杂波内 MTS 和杂波外 MTS,且 MTS 的 RCS 约为 5dBsm。平台速度约为 70m/s,高度约为 3000 英尺,到目标区域的距离约为 5n mile,掠射角约为 3°,天线工作在 MIMO 模式(顺序波瓣)和传统模式(固定波束),并完成了多次飞行。这些飞行提供了 MIMO 和单波束两种情形下相似的数据集,用于进行性能对比。此外,在这些飞行中也采集了两种情形下的水面回波数据。

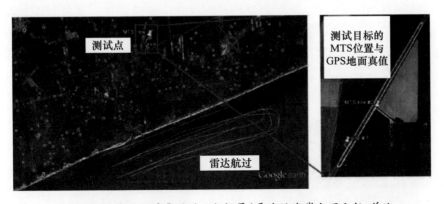

图 4.19　陆地数据采集时的几何场景(雷达沿海岸上下飞行,并从
上方看向陆地的测试点,包括 MTS 和装备 GPS 的测试车辆。
右侧区域中放大的白色路径为车辆 GPS 的地面实况)

发射天线未切换时的距离 – 多普勒杂波图如图 4.20 所示。这些杂波图是进行简单的多普勒处理和对脉冲压缩而获得的。它们以这种方式提供了对雷达发射天线主瓣的良好估计。因为非均匀地形和植被的原因,地面杂波通常较强且呈现出较大的变化。MIMO 模式与传统模式这两种情形下在较远距离处都观察到了较强的杂波,这可能是由于用快速卷积算法进行脉冲压缩时产生的扩散造成的。

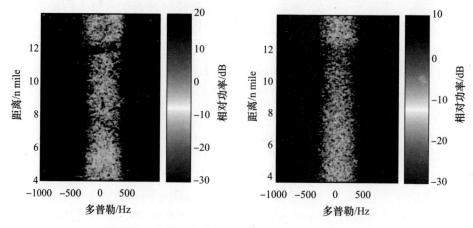

图 4.20　发射天线未切换时的距离 – 多普勒杂波图

图 4.21 给出了天线工作在 MIMO 模式且进行脉间切换时的杂波图,包括奇数脉冲与偶数脉冲两种情况。如预期的一样,因为有 MIMO 切换硬件,可以看到,发射方向图相对天线视线在前后方位之间进行切换。我们注意到,与机载 MTI 雷达的典型情况一样,杂波多普勒与杂波方位角成正比。通过对距离维上的杂波求平均,即可估计发射波束方向图。图 4.22 比较了估计得到的波束方向图与 MIMO 方向图模型(图 4.13)。我们看到,硬件实现产生的波束方向图与期望方向图匹配良好。

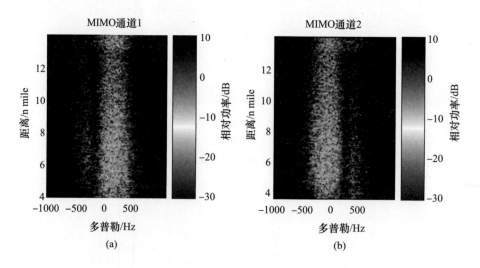

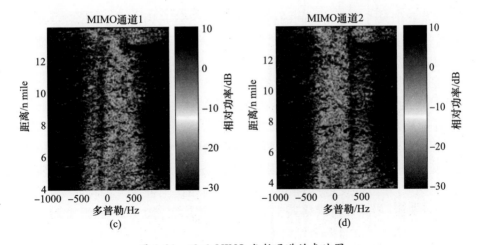

图 4.21 显示 MIMO 发射通道的杂波图
(a)水上的偶数脉冲;(b)水上的奇数脉冲;(c)陆上的偶数脉冲;(d)陆上的奇数脉冲。

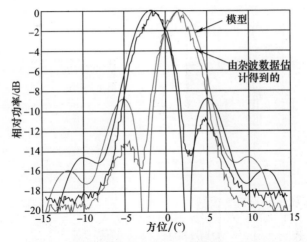

图 4.22 测量的与预测的 MIMO 发射波束方向图的对比(黑线和灰线表示两种波束位置)

利用杂波校准法对这两路接收通道进行校准[11]。此时,我们采用了一种基于特征值分析的杂波校准技术。利用已知的天线视线、平台位置与速度,对每路接收通道的数据都进行运动补偿,从而将主瓣杂波移到零多普勒处。以大量的距离单元作为训练数据,用来自零多普勒单元的两通道数据计算 2×2 维的空间协方差矩阵。计算该矩阵最大特征值对应的特征向量。如果两路通道被完全校准了的话,那么视线方向信号(杂波)的幅度和相位应该是相同的,进而计算得到的特征向量中的两个元素也应该是相同的。该向量元素间的任何差异为系统空间校准误差提供了一个估计。

67

通常我们只考虑通道之间的相对相位误差,这是因为该相位误差对波束形成的性能有重大影响。两路通道之间的相位差非常稳定,几乎不随时间变化,误差恒定在 100°左右。注意:这里采用的校准方法是一种窄带技术,没有考虑两接收通道的频率响应差异,该差异有时称为均衡误差。对于地杂波通常不超过 25dB SNR 的系统来说,尚未发现必须要进行均衡才能获得好的杂波抑制性能。

有一种类似的方法被用来校准发射通道。对于两个发射通道(即奇脉冲和偶脉冲),该方法利用来自单个接收通道中的数据生成特征分析中所需的协方差矩阵。两通道之间的校准相位误差相对稳定,不随时间变化,但是比接收通道校准误差(约为5°量级)要小很多。这是因为相比于包含很多同轴线缆的射频接收硬件来说,射频发射网络通常被牢固地固定着。图 4.23 和图 4.24 展示了单个接收通道通过联合两个发射通道而形成的全孔径波束。我们发现,在信号处理器中结合发射通道生成的全孔径波束方向图,与利用发射波束正侧视没有切换条件下的 GMTI 模型数据估计得到的真实全孔径波束方向图非常匹配。同样地,当结合两路发射通道时,我们注意到,在任一单个 MIMO 通道方向图(图 4.22)中都能观测到的高发射方向图旁瓣被消除了。

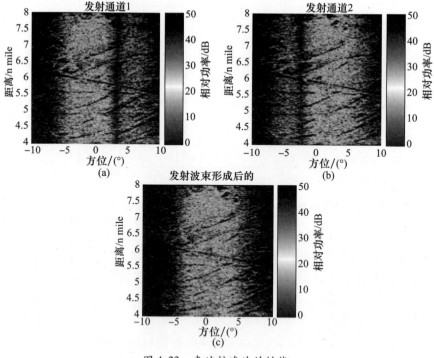

图 4.23 杂波校准法的性能
(a)发射通道 1;(b)发射通道 2;(c)两发射通道相结合形成全孔径发射波束。

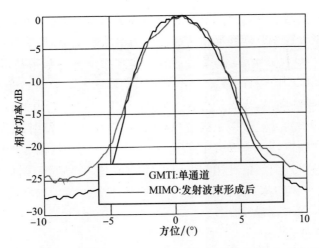

图 4.24　MIMO 波束形成示例(MIMO 曲线是由图 4.23 沿距离准平均得到的。
利用非 MIMO 数据,以相似方式计算得到 GMTI 曲线)

使用场景中一个临时的强浮标目标对系统校准情况进行测试。实际导航浮标图和单个 CPI 下的典型回波如图 4.25 所示。该浮标上有一个用来增强雷达回波的巨大的角反射器,因此可以看到浮标的雷达回波 SNR 非常高。强固定式浮标为系统校准效果的测试提供了良好的信源。图 4.26 显示了当天线机械扫过浮标 3 个连续 CPI 时浮标的波束形成响应。该响应峰值提供了浮标(目标)方位的极大似然估计值。该响应可以使用 3 种方法来计算:①在两路发射通道相参结合指向正侧面的条件下,仅使用接收机通道进行计算(只收);②在两路接收通道相参结合指向正侧面的条件下,仅使用两路发射通道进行计算(只发);③联合使用接收和发射通道进行计算(MIMO)。正如预期的一样,MIMO 响应更窄,与双程天线方向图类似,而"只收"和"只发"响应类似于单程天线方向图。这个例子清楚地表明 MIMO 系统被校准得好一些,并且真正能够提供如第 3 章所述的在接收机中形成的双程天线方向图。

MIMO - STAP 波束形成器将两路发射通道与两路接收通道相结合进行目标检测与方位估计,整个处理流程如图 4.27 所示。只要按脉冲序号重组数据就可提取 MIMO 通道(即奇脉冲为 MIMO 通道一,偶脉冲为 MIMO 通道二)。随后,对该数据进行运动补偿,使得天线视线上的目标位于零多普勒处。对运动补偿后的数据进行多普勒处理与脉冲压缩,以完成数据预处理。然后,利用多单元后多普勒 STAP 算法对预处理后的数据进行 MIMO - STAP 处理[2]。接着,对 STAP 处理器输出的数据进行过门限处理以检测目标。最后,利用 MLE 角度估计算法,对每个检测到的目标进行方位估计。

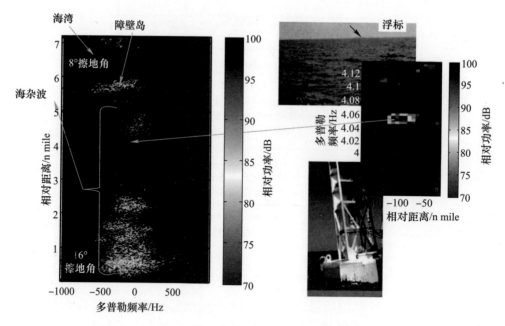

图 4.25 利用一个强浮标回波来测试 MIMO 系统的校准情况

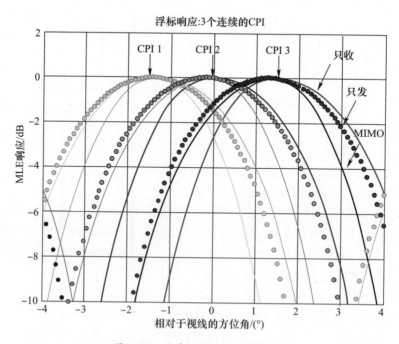

图 4.26 波束形成后的浮标回波

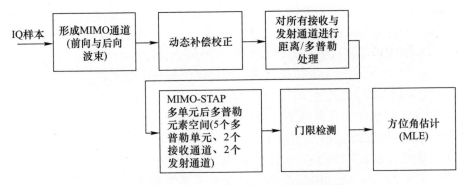

图 4.27 主要的 MIMO 雷达信号处理模块

在数据采集过程中,配有一辆搭载 GPS 的地面车辆。但是由于这辆车只出现在数据采集的一半航次中,因此不能为研究 MIMO 系统的性能统计提供足够多的检测次数。然而,在测试中发现道路上有很多快速行驶的车辆,这些车辆很容易被检测到,并且,车辆行驶情况与道路情况相关。图 4.28 给出了一些将道路上的车辆变换到距离-多普勒空间的检测示例。车辆的检测结果被"快照"到道路上,当与雷达距离测量相结合时,可以提供车辆的精确定位。我们能利用这些信息估计雷达的方位误差。在目标检测点距离上,利用目标方位角与道路方位角的差值计算方位误差。由于雷达的距离精度至少比横向距离精度好一个数量级,因此,这种方法提供了一个很好的方位误差估计。

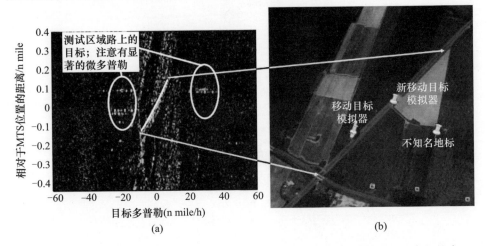

图 4.28 检测场景中的临时目标说明(高亮路段(图(a)中的白线部分)为车辆较多且没有树荫的繁忙道路。图(a)中圈出的是许多辆车。图(b)是该场景的谷歌地图,显示了与采集中使用的 MTS 位置有关的道路。雷达在该场景的南侧)

图4.29是所有沿路检测结果中幅度超过噪底30dB、多普勒大小超过300Hz（杂波外）的检测点构成的散点图。我们看到，由于MIMO天线在方位估计性能上的提高，MIMO检测结果聚集在离道路更近的地方。针对这些沿路的杂波外检测结果，图4.30给出了方位估计误差随信噪比的变化曲线图。基于数百次检测的几分钟时长数据，通过估计信噪比和计算方位误差的标准差，对检测结果进行分类，从而得出该变化曲线图。我们看到，MIMO天线改善了方位估计性能。对于传统波束形成器的情况，当信噪比较高时，MIMO天线的方位误差改善幅度约为40%量级。这与从MIMO天线孔径虚拟扩展导出的预期性能改善是一致的（第3章）。对于STAP情况，MIMO的提升比两通道系统略高。这可能是由于MIMO系统增加了空间自由度，从而能更可靠地同时进行杂波抑制与方位估计。

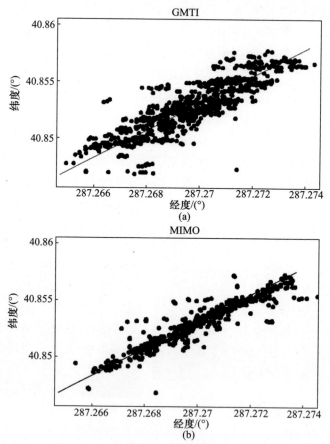

图4.29 测试场景中路上的杂波外车辆的检测结果散点图（检测门限设置为高于热噪声30dB。检测多普勒大于300Hz。GMTI为基础两通道系统）
(a)传统GMTI雷达；(b)MIMO雷达。

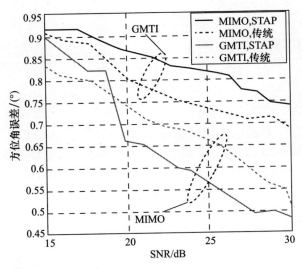

图4.30 基础两通道系统(GMTI)与MIMO系统的杂波外方位估计性能的比较

检测场景中配置了一台MTS。MTS产生的雷达回波大约相当于一个5dBsm的目标。MTS的多普勒频移设为94Hz，从而产生一个杂波内目标回波，如图4.31所示。经过STAP处理后，能够在距离-多普勒图中清楚地观察到MTS回波。在飞行测试期间采集了大量CPI的数据用来评估方位估计误差。基础两通道系统(GMTI)和新型MIMO模式(MIMO)的结果对比如图4.32所示。通过估计SNR和计算方位误差的标准差对检测结果进行分类，从而得出该结果对比图，而且大约进行了近百次检测、采集了数分钟的数据才生成了对比图中的曲线。我们看到对于杂波内目标，相较于"只收"系统，MIMO模型将方位估计性能提高了近2倍。相对于上文所展示的杂波外情况，这里的相对性能改善更为显著，这是因为MIMO系统不同于一般的"只收"系统，它提供了充足的空间自由度，允许杂波抑制和方位估计同时进行。我们注意到，通过增加第三个接收通道，可以减小这种性能差异，但是正如本章先前所述，这将对系统成本和SWAP产生较大影响，而全新的MIMO模式采用了低成本硬件，且其实现方式对系统成本和SWAP产生的影响很小。

综上所述，本节提出了一种新的低成本MIMO技术，并列举一个案例研究了MIMO技术如何显著提高系统性能并满足具有挑战性的硬件与成本要求。为了在一个严格SWAP和成本约束的系统中额外增加空间通道而研究了该技术。结果表明，包含两个高功率、低复杂度移相器的低成本硬件升级，足以提供与使用多个发射通道和多个波形发生器的复杂框架相同的MIMO功能。

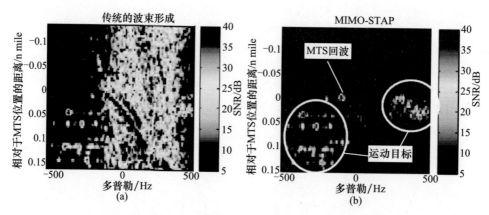

图 4.31 传统处理(a)及 STAP(b)。MTS 多普勒:97Hz(3 节);
雷达数据以 MTS 物理位置为中心,在 STAP 输出处观测到的 MTS

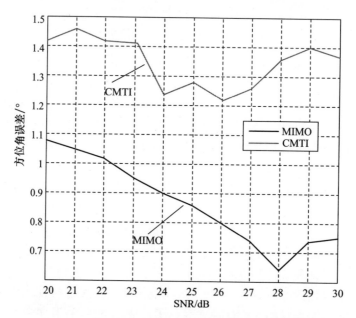

图 4.32 MIMO 与两通道"只收"GMTI 模式的性能对比
(方位估计精度由杂波内动目标仿真器的检测结果中导出)

4.3 海用雷达模式

上一节明确地阐述了 MIMO 天线如何提升 GMTI 系统的性能。同样类型的天线也可以在对海环境中使用,以改善雷达对慢速船只的检测能力。如图 4.33

所示,在海上环境中,因为运动速度非常慢,绝大多数有用目标的检测通常发生在较弱的杂波背景中。当背景杂波是分布式杂波时,随着雷达分辨单元尺寸减小到与目标大小相同,目标的可探测性一般会得到提高。所以任何减小杂波分辨单元的方法通常都能提升检测性能。减小杂波分辨单元大小的具体方法是提升系统带宽。如果目标运动状态非常稳定,那么,我们可以通过增加系统的积累时间来减小雷达多普勒分辨单元的大小。对于传统系统来说,这种做法需要较慢的扫描速率和较小的覆盖区域,以确保在更长的相参处理间隔中一直照射到目标。如第3章所述,MIMO系统能够在不牺牲区域覆盖率的情况下延长积累时间。因此,MIMO天线可在不牺牲双程天线旁瓣的情况下扩展照射范围和延长积累时间。同时,MIMO系统还能获得更好的方位估计精度,具体见本章前面和第3章所述。

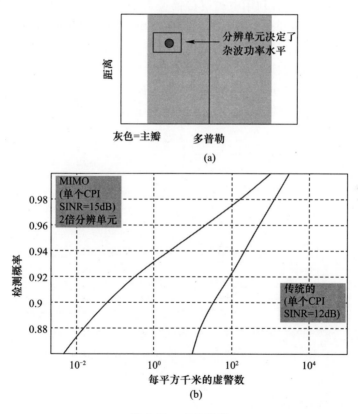

图4.33 对海模式
(a)利用目标相对于背景杂波的差异(除目标多普勒频移以外)实现海上目标检测;
(b)高斯分布式杂波下两通道MIMO雷达相对于传统雷达的检测性能提升。

对于上一节讨论的两通道 MIMO 天线,假设背景是噪声类分布式杂波(对于低分辨广域对海搜索雷达来说,其杂波特性通常是这种情况),相比于传统的单波形系统,MIMO 雷达能提供 3dB 的信杂比增益(相比之下)。图 4.33 表明,对于 12dB 信杂比的目标,MIMO 的检测性能优于传统系统。这里,我们假设杂波服从高斯分布,并采用了第 3 章所列的单个 CPI 条件下的 $pd - pfa$ 表达式。我们发现,提升 3dB(相比之下)能显著改善接收机的工作特性曲线(ROC 曲线)。我们指出,当杂波服从非高斯分布且幅度分布特性具有重拖尾时,MIMO 相对传统系统的性能提升可能不是那么明显。

4.4 OTH 雷达

OTH 雷达[12]是一种利用电离层传播通道来照射和检测超远距离目标的技术。信号传播通道通过在地球上方不同高度电离层反射信号,使信号照射以及接收信号回波的距离都远超雷达视距。这种传播模式对于远距离目标检测非常有效;然而,它的传播通道非常复杂,通常会导致表面杂波的多种传播模式,如图 4.34 所示。此外,穿过电离层的路径往往具有显著的时变性,这可能导致杂波的多普勒扩散,其多普勒频率范围与真实目标回波的多普勒频移相似,从而使检测变得非常困难[12-13]。

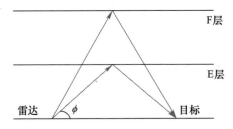

图 4.34 多径 OTH 雷达传播环境的简单示意

复杂的传播通道通常会形成多径杂波[14],即雷达回波照射的发射角度与接收角度不同,换句话说,就是杂波的前向路径与后向路径不同。当目标和杂波以不同的传播路径返回时,它们通常会表现出独特的发射和接收俯仰角组合[12]。此时,可以在杂波路径上设置一个发射凹口(或者说发射零点)而不影响目标信号,从而提升目标检测性能。遗憾的是,杂波和目标的发射与接收角度并不总是事先知道的。此外,由于传播模式高度依赖于雷达对目标的几何关系以及工作频率,因此杂波的空间响应随距离的变化而变化。如果这样,那么在发射时设置单个发射凹口的做法对于提高所有距离上的检测性能来说并不是很有效。

通过采用 MIMO 框架,可以在接收信号处理器中根据距离函数调整发射凹口,从而提高各个距离上的检测性能。处理过程通常包括基于可用发射与接收空间自由度的自适应杂波对消[8]。MIMO 杂波抑制能力已通过 OTH 实验得到了证实,并呈现出优异的检测性能,实验结果可参考文献[13,15-16]。

4.5 汽车雷达

对于汽车的安全驾驶与自动驾驶来说,汽车雷达是一个不断增长的市场。相对于摄像机、声纳和激光雷达等其他传感器,雷达的优势与其在其他应用中所表现的一样,即可在白天、晚上和全天候(大部分情况下)工作。令人惊讶的是,它的成本也将逐渐成为它的另一个优势。随着基于 MIMO 技术的芯片雷达技术[17]的发展(下文描述),使汽车雷达解决方案的成本比传统雷达系统低好几个数量级。

图 4.35(a)展示了前视汽车雷达的应用。视场中物体的距离(也可能还有多普勒)相对来说比较容易提取,而角度(可能是方位角和俯仰角)的提取则需要某种形式的合成角度测量技术。一种技术是机械扫描窄波束天线。但出于种种原因,这种方法没有被汽车行业(或相关雷达行业)所采用。

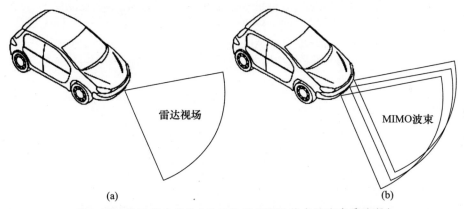

图 4.35 前视汽车雷达(a)及使用 MIMO 技术的汽车雷达(b)

相控阵和/或电子扫描天线(ESA)是更高级的解决方案,并且 SWAP 通常较低,但是相对机械扫描系统来说还是相当昂贵的。Echodyne 公司(www.echodyne.com)开发的超材料电子扫描阵列(MESA),不使用移相器、延时器或多射频通道就能实现电子扫描能力[18],这令人感到意外。除了获得精确的角度测量功能以外,它还可以在不影响充分覆盖(前、后,可能还有侧面)的前提下尽可能减少分立雷达系统的数量。

最近,MIMO 技术作为一种经济有效的汽车雷达解决方案受到了广泛的关注[19]。图4.35(b)阐述了其中的基本概念。安装几个小的发射孔径(也就是宽波束)可同时提供目标区域的重叠覆盖,而正交性则可通过如 CDMA 或 OFDM 这样的波形来获得。一部集中式接收机同步接收所有发射码并匹配滤波以恢复空间自由度。合成的空间自由度可以在接收机中相干积累形成窄波束,从而形成了没有模拟移相器和/或分立射频通道的合成 ESA。当然,正如第 3 章所述,MIMO 技术会降低信噪比。

参考文献

[1] Van Trees, H. L., *Optimum Array Processing: Part IV of Detection, Estimation, and Modulation Theory,* New York: John Wiley and Sons, 2002.

[2] Guerci, J. R., *Space-Time Adaptive Processing for Radar*, Second Edition, Norwood, MA, Artech House, 2014.

[3] Richmond, C. D., "Mean squared Error Threshold Prediction of Adaptive Maximum Likelihood Techniques," *Record of the Thirty-Seventh Asilomar Conference on Signals, Systems and Computers*, Monterrey, CA, November 9–12, 2003.

[4] Showman, G. A., W. L. Melvin, and D. J. Zywicki, "Application of the Cramer-Rao Lower Bound for Bearing Estimation to STAP Performance Studies," *Proceedings of the 2004 IEEE Radar Conference*, Philadelphia, April 26–29, 2004.

[5] Sun, Y., Z. He, H. Liu, and J. Li, "Airborne MIMO Radar Clutter Rank Estimation," *2011 IEEE CIE International Conference on Radar*, Chengdu, China, October 27, 2011.

[6] Forsythe, K., and D. Bliss, "MIMO Radar Waveform Constraints for GMTI," *IEEE Journal on Selected Topics in Signal Processing*, Vol. 4, No. 1, 2010.

[7] Mecca, V. F., J. L. Krolik, F. C. Robey, and D. Ramakrishnan, *Slow-Time MIMO Space Time Adaptive Processing*, ICASSP 2008, pp. 283–231.

[8] Rabideau, D. J., "MIMO Radar Aperture Optimization," MIT Lincoln Laboratory Technical Report 1149, January 25, 2011.

[9] Mecca, V., and J. Krolik, "Slow-Time MIMO STAP with Improved Power Efficiency," *2007 Conference Record of the Forty-First Asilomar Conference on Signals, Systems, and Computers*, Pacific Grove, CA, November 2007.

[10] Lo, K. W., "Theoretical Analysis of the Sequential Lobing Technique," *IEEE Transactions on Aerospace and Electronic Systems*, Vol. 35, No. 1, January 1999.

[11] Brown, M., M. Mirkin, and D. Rabideau, "Phased Array Antenna Calibration Using Airborne Radar Clutter and MIMO Signals," *48th Asilomar Conference on Signals, Systems, and Computers*, Pacific Grove, CA, November 2014.

[12] Fabrizio, G. A., *High Frequency Over-the-Horizon Radar: Fundamental Principles, Signal Processing, and Practical Applications*, New York: McGraw Hill, 2013.

[13] Frazer, G., Y. Abramovich, and B. Johnson, "HF Skywave MIMO Radar: the HiLoW Experimental Program," *Proceedings of the 2008 Asilomar Conference on Signals, Systems, and Computers*, Pacific Grove, CA, November 2008.

[14] Mecca, V. F., D. Ramakrishnan, and J. L. Krolik, "MIMO Radar Space-Time Adaptive Processing for Multipath Clutter Mitigation" *IEEE Workshop on Sensor Array and Multichannel Signal Processing*, Waltham, MA, July 2006.

[15] Abramovich, Y. I., G. J. Frazer, and B. A. Johnson, "Transmit and Receive Antenna Array Geometry Design for Spread-Clutter Mitigation in HF OTH MIMO Radar," *Proceedings of the International Radar Symposium*, Hamburg, Germany, September 9–11, 2009.

[16] Frazer, G., "Application of MIMO Radar Techniques to Over-the-Horizon Radar," *2016 IEEE International Symposium on IEEE Phased Array Systems and Technology (PAST)*, Waltham, MA, October 2016.

[17] Singh, J., B. Ginsburg, S. Rao, and K. Ramasubramanian, "AWR1642 mm Wave Sensor: 76–81-GHz Radar-on-Chip for Short-Range Radar Applications," Texas Instruments, 2017.

[18] Guerci, J. R., T. Driscoll, R. Hannigan, S. Ebad, C. Tegreene, and D. E. Smith, "Next Generation Affordable Smart Antennas," *Microwave Journal*, Vol. 57, 2014.

[19] Feger, R., C. Wagner, S. Schuster, S. Scheiblhofer, H. Jager, and A. Stelzer, "A 77-GHz FMCW MIMO Radar Based on an SiGe Single-Chip Transceiver," *IEEE Transactions on Microwave Theory and Techniques*, Vol. 57, 2009, pp. 1020–1035.

精选文献目录

Abramovich,Y., and Abramovich, G. Frazer, "Theoretical Assessment of MIMO Radar Performance in the Presence of Discrete and Distributed Clutter Signals," *42nd Asilomar Conference on Signals, Systems, and Computers*, Pacific Grove, CA, November 2008.

Bilik, I., et. al. "Automotive MIMO Radar for Urban Environments," *2016 IEEE Radar Conference*, Philadelphia, May 2016.

Bliss, D., and Bliss, K., Forsythe, "MIMO Radar Medical Imaging: Self-Interference Mitigation for Breast Tumor Detection," *2006 Conference Record—Asilomar Conference on Signals, Systems and Computers*, Pacific Grove, CA, 2016.

Frazer, G., J., Frazer, Y. I. Abramovich , and B. A. Johnson, "Mode-Selective MIMO OTH Radar: Demonstration of Transmit Mode-Selectivity on a One-Way Skywave Propagation Path," *2011 IEEE Radar Conference*, Kansas City, MO, May 2011.

Frazer, G. J., Y. I. Abramovich, B. A. Johnson, and F. C. Robey, "Recent Results in MIMO Over-the-Horizon Radar," *2008 IEEE Radar Conference*, Rome, Italy, May 2008.

Kantor, J., and D. Bliss, "Clutter Covariance Matrices for GMTI MIMO Radar," *2010 Conference Record—Asilomar Conference on Signals, Systems, and Computers*, Pacific Grove, CA, 2010.

Kantor, J., and D. Bliss, "Clutter Covariance Matrices for GMTI MIMO Radar," in *2010 Conference Record of the Forty Fourth Asilomar Conference on Signals, Systems, and Computers (ASILOMAR)*, Pacific Grove, CA, November 2010.

Kantor, J., and S. Davis, "Airborne GMTI Using MIMO Techniques," *2010 IEEE Radar Conference*, May 2010, pp. 1344–1349.

Li, J., et. al. "Range Compression and Waveform Optimization for MIMO Radar: A Cramér-Rao Bound Based Study, *IEEE Transactions on Signal Processing*. Vol. 56, No. 1, January 2006.

Vasanelli, C., R. Vasanelli, R. Batra, and C. Waldschmidt, "Optimization of a MIMO Radar Antenna System for Automotive Applications," *2017 11th European Conference on Antennas and Propagation (EUCAP)*, Paris, March 2017.

第5章 最优 MIMO 雷达概述

本章将阐述最优 MIMO 雷达的概念。已发表的关于 MIMO 雷达的原创论文均是以 MIMO 通信为基础的,而在 MIMO 通信中,正交性起着核心作用。但是,总体来说,对多输入和多输出的利用并不总是需要正交。本章将推导最优的输入–输出架构,该架构是雷达通道的函数。

5.1 节得出了最大化 SINR 意义上的最优 MIMO 收发架构,并在常用的随机假设下进行目标检测。结果表明,最优多输入(MI)发射函数是特征系统的解,其核心就是通道格林函数的二阶函数。最优多输出(MO)接收函数是常用的维纳–霍夫滤波器(色噪声匹配滤波器,匹配最优发射函数的回波)。然后,讨论了色噪声背景下该架构在波形优化方面的应用问题。

5.2 节将上述讨论扩展到存在杂波(混响)的情况中,而在 5.3 节,我们将最优 MIMO 理论应用于目标识别问题,结果表明,最优多输入发射函数是某特定特征系统的解,该特征系统涉及潜在目标的格林函数的二阶函数。

5.1 最优 MIMO 雷达检测理论

在图 5.1 所示的基本雷达框图中,一个一般意义上的复值多维发射信号,$s \in \mathbb{C}^N$(即一个 N 维多输入信号)与一个由目标传递矩阵(格林函数[1])$H_T \in \mathbb{C}^{M \times N}$ 表征的目标相互作用。然后,接收到由此得出的 M 维多输出信号(回波)$y \in \mathbb{C}^M$ 以及伴随的加性色噪声(ACN)$n \in \mathbb{C}^M$ [2]。向量矩阵的表达形式完全是一般化的,因为任何空间和时间维度的联合都可以用此表示。

例如,N 维输入向量 s 可表示单通道发射波形 $s(t)$ 上的 N 个复值(即同相与正交[3])样本,即

$$s = \begin{bmatrix} s(\tau_1) \\ s(\tau_2) \\ \vdots \\ s(\tau_N) \end{bmatrix} \tag{5.1}$$

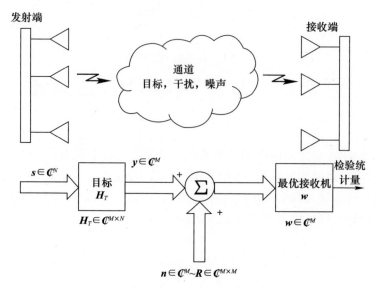

图 5.1 加性噪声情况下的 MIMO 雷达基本框图[4]

因此,相应的目标传递矩阵 $\boldsymbol{H}_T$ 就包括复目标冲激响应 $h_T(t)$ 的相应样本,对于因果线性时不变(LTI)的情况,其形式如下[5]:

$$\boldsymbol{H}_T = \begin{bmatrix} h[0] & 0 & 0 & \cdots & 0 \\ h[1] & h[0] & 0 & \cdots & 0 \\ h[2] & h[1] & h[0] & \cdots & 0 \\ \vdots & \vdots & \vdots & \ddots & \vdots \\ h[N-1] & h[N-2] & h[N-3] & \cdots & h[0] \end{bmatrix} \quad (5.2)$$

其中,不失一般性,我们假设均匀时间采样(即 $\tau k = (k-1)T$),其中,T 是经过适当选择的采样间隔时间[6]。同样,不失一般性,出于方便性和简化数学命名的需求,我们选择 $N = M$,即发射自由度与接收自由度相同(时间、空间等)。如果确实需要,我们鼓励读者基于 $N \neq M$ 推导本章的相关公式,并验证这些公式是否真的是除了向量和矩阵维数有差异以外,基本形式并未改变。还要注意,一般情况下,$\boldsymbol{H}_T$ 通常是随机的(后续将会对此作简短解释)。

这些公式也很容易推广到多发射机、多接收机的情况。例如,如果有 3 个独立的发射和接收通道(如,每个发射单元或子阵都具有各自波形发生器的有源电子扫描天线(AESA)),则图 5.1 中的输入向量 s 表示如下:

$$s = \begin{bmatrix} s_1 \\ s_2 \\ s_3 \end{bmatrix} \in \mathbb{C}^{3N} \quad (5.3)$$

式中：$s_i \in \mathbb{C}^N$ 表示第 i 条发射通道的发射波形样本（式(5.1)）。对应的目标传递矩阵如下：

$$H_T = \begin{bmatrix} H_{11} & H_{12} & H_{13} \\ H_{21} & H_{22} & H_{23} \\ H_{31} & H_{32} & H_{33} \end{bmatrix} \in \mathbb{C}^{3N \times 3N} \tag{5.4}$$

式中：子矩阵 $H_{i,j} \in \mathbb{C}^{N \times N}$ 是该波形所有时间样本第 i 条接收与第 j 条发射通道对应的传递矩阵。

这些示例清楚地展示了矩阵－向量，输入－输出形式是完全通用的，可以适用于所需的任何发射－接收自由度。再回看图5.1，我们希望联合优化发射与接收函数。我们发现，逆向求解是很方便的，即先根据输入优化接收，然后再优化输入以至整个输出 SINR。

对于任何具有有限范数的输入 s，在加性噪声情况下，使得输出 SINR 最大化的接收机就是所谓的白化（或色噪声）匹配滤波器，如图5.2所示[2]。注意：对于加性高斯色噪声情况，这个接收机从统计学上来说也是最优的[2]。

$R \in \mathbb{C}^{N \times N}$ 表示 n 对应的总的干扰协方差矩阵，且假设 n 与 s 相互独立，R 是厄米特正定矩阵[7]（因始终存在接收机噪声，所以这一点在实际应用中是有保证的[2]），则对应的白化滤波器表示为

$$H_w = R^{-1/2} \tag{5.5}$$

线性白化滤波器的输出 $z \in \mathbb{C}^N$ 包含信号和噪声分量，分别记为 z_s 和 z_n，即

$$z = z_s + z_n = H_w y_s + H_w n = H_w H_T s + H_w n \tag{5.6}$$

式中：$y_s \in \mathbb{C}^N$ 表示图5.2中所示的目标回波（即 H_T 的输出）。

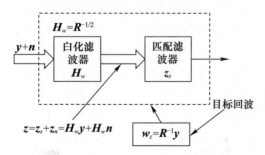

图5.2 加性噪声情况下的最优接收机，包括一个白化滤波器，后接一个白噪声匹配滤波器[4]

因为噪声已通过线性变换（本例中为满秩）进行了白化[2]，最终接收机阶段就由一个匹配于下式（最多相差一个标量因子）的白噪声匹配滤波器组成，即

$$w_z = z_s \in \mathbb{C}^N \tag{5.7}$$

因此，相应的输出 SNR 如下式所示：

$$\mathrm{SNR}_o = \frac{|w_z' z_s|^2}{\mathrm{var}(w_z' z_n)} = \frac{|z_s' z_s|^2}{\mathrm{var}(z_s' z_n)} = \frac{|z_s' z_s|^2}{E\{z_s' z_n z_n' z_s\}} = \frac{|z_s' z_s|^2}{z_s' E\{z_n z_n'\} z_s} = \frac{|z_s' z_s|^2}{z_s' z_s} = |z_s' z_s| \tag{5.8}$$

式中：$\mathrm{var}(\cdot)$ 表示方差算子。注意：其中用到了白化算式 $E\{z_n z_n'\} = I$。

换句话说，输出 SNR 与白化后目标回波中的能量成正比。这是优化输入函数的关键：选择 s（输入）来最大化白化后目标回波中的能量，即

$$\max_{\{s\}} |z_s' z_s| \tag{5.9}$$

把 $z_s = H_w H_T s$ 代入式（5.9）中，就得出用于输入显式表示的目标函数，即

$$\max_{\{s\}} |s'(H'H)s| \tag{5.10}$$

其中

$$H \stackrel{\text{def}}{=} H_w H_T \tag{5.11}$$

注意到式（5.10）其实是两个向量 s 和 $(H'H)s$ 的内积，根据柯西-施瓦兹定理[8]，内积达到最大值的条件是，s 必须与 $(H'H)s$ 共线，即

$$(H'H)s_{\mathrm{opt}} = \lambda_{\max} s_{\mathrm{opt}} \tag{5.12}$$

换句话说，最优输入 s_{opt} 必须是 $H'H$ 的最大特征值对应的特征函数（即特征向量）。

更重要的是，上述输入-输出设计方程组代表了任何发射-接收组合都能达到的绝对最优解。所以，它们对于那些想弄清先进自适应方法（如自适应波形、收发波束形成）价值程度的雷达系统工程师来说有着重要意义。还要注意，式（5.12）可以推广到随机目标响应的情况中，即

$$E(H'H)s_{\mathrm{opt}} = \lambda_{\max} s_{\mathrm{opt}} \tag{5.13}$$

式中：$E(\cdot)$ 表示期望算子，而 s_{opt} 使白化后目标回波中的能量期望值达到最大。

接下来，我们将阐述上述最优设计方程在宽带多径干扰源引起的加性色噪声背景中的应用。

这个示例阐述了在多径宽带噪声源引起的色噪声干扰中，用于最大化输出 SINR 的最优收发架构。具体来说，对于单个收发通道的情况，它能得出最优的发射脉冲调制（即脉冲形状）。

图 5.3 给出了这种情况的示意图。名义上的宽带白噪声源经过一系列多径传播，导致噪声谱被色化[9]。为了简单起见，假设多径反射是由几个离散的镜

面反射组成的,那么,合成信号可以被视为如下形式的因果抽头延迟线滤波器(即 FIR 滤波器[5])的输出,即

$$h_{mp}[k] = a_0\delta[k] + a_1\delta[k-1] + \cdots + a_{q-1}\delta[k-q-1] \tag{5.14}$$

并由白噪声驱动。相应的输入-输出传递矩阵 $\boldsymbol{H}_{mp} \in \mathbb{C}^{N \times N}$ 为

$$\boldsymbol{H}_{mp} = \begin{bmatrix} h_{mp}[0] & 0 & \cdots & 0 \\ h_{mp}[1] & h_{mp}[0] & \cdots & 0 \\ \vdots & \vdots & \ddots & \vdots \\ h_{mp}[N-1] & h_{mp}[N-2] & \cdots & h_{mp}[0] \end{bmatrix} \tag{5.15}$$

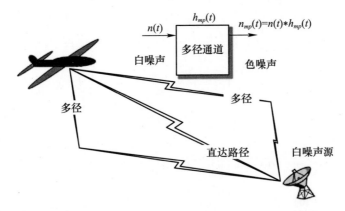

图 5.3 经多径反射的宽带(即白噪声)源引起的色噪声干扰示意图[4]

利用多径传递矩阵 $\boldsymbol{H}_{mp}$,可将色噪声干扰协方差矩阵表示为

$$E(\boldsymbol{nn}') = E(\boldsymbol{H}_{mp}\boldsymbol{vv}'\boldsymbol{H}'_{mp}) = \boldsymbol{H}_{mp}E(\boldsymbol{vv}')\boldsymbol{H}'_{mp} = \boldsymbol{H}_{mp}\boldsymbol{H}'_{mp} = \boldsymbol{R} \tag{5.16}$$

式中:白噪声激励源 $\boldsymbol{v} \in \mathbb{C}^N$ 是具有单位协方差矩阵的零均值复随机向量,即

$$E(\boldsymbol{vv}') = \boldsymbol{I} \tag{5.17}$$

假设原点有一个单位增益点目标(即 $h_T[k] = \delta[k]$),于是,目标传递矩阵 $\boldsymbol{H}_T \in \mathbb{C}^{N \times N}$ 为

$$\boldsymbol{H}_T = \begin{bmatrix} h_T[0] & 0 & \cdots & 0 \\ h_T[1] & h_T[0] & \cdots & 0 \\ \vdots & \vdots & \ddots & \vdots \\ h_T[N-1] & h_T[N-2] & \cdots & h_T[0] \end{bmatrix} = \boldsymbol{I} \tag{5.18}$$

虽然可以假设一个更复杂(因此也更真实)的目标模型,但我们想重点关注色噪声对最佳发射脉冲形状的影响,因此这里没有采用复杂的目标模型。我们将会在目标识别章节中讲解更多的复杂目标响应模型。

图 5.4 给出了带内干扰频谱图,条件是 $a_0=1, a_2=0.9, a_5=0.5, a_{10}=0.2$,其他所有系数都设为零。短脉冲情况(图 5.4(a))和长脉冲情况(图 5.4(b))下都设置了快时间(距离单元)样本总数。注意:多径效应色化了平坦的白噪声谱。另外,图中还显示了时间带宽积($\beta\tau$)分别为 5(图 5.4(a))和 50(图 5.4(b))的传统(未优化的)LFM 脉冲频谱。

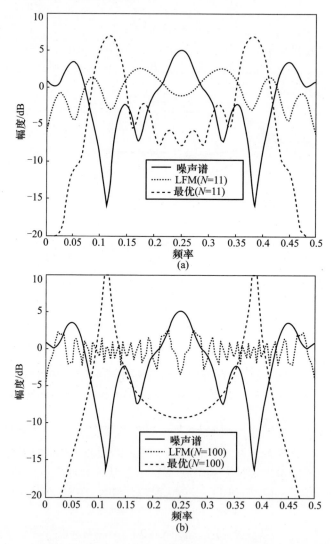

图 5.4 传统的与最优脉冲调制的色噪声干扰频谱对比示意图(注意:在这两种情况下,最优脉冲都试图在总脉冲宽度决定的频率分辨率约束下,去反匹配(对抗)色噪声频谱)
(a)短脉冲情况;(b)长脉冲情况。

利用式(5.16)中的 $\boldsymbol{R}$，得出对应的白化滤波器为

$$\boldsymbol{H}_w = \boldsymbol{R}^{-1/2} \qquad (5.19)$$

根据式(5.18)，总的组合通道的传递矩阵为

$$\boldsymbol{H} = \boldsymbol{H}_w \boldsymbol{H}_T = \boldsymbol{H}_w = \boldsymbol{R}^{-1/2} \qquad (5.20)$$

将式(5.20)代入式(5.12)得出

$$\boldsymbol{R}^{-1} \boldsymbol{s}_{\text{opt}} = \lambda \boldsymbol{s}_{\text{opt}} \qquad (5.21)$$

即最优发射波形是干扰协方差矩阵的逆的最大特征值对应的特征向量。读者可以证明这也是原协方差矩阵 $\boldsymbol{R}$ 的最小特征值对应的特征向量，因此可以在不计算矩阵逆的情况下进行求解。

图5.4(a)和(b)中分别显示的是短脉冲与长脉冲这两种情况下，通过求解式(5.21)的最大特征函数(即最大特征值对应的特征向量)/特征值对而得出的最优发射脉冲频谱。注意：最优发射频谱自然而然地突出了干扰较弱的那部分频谱，这是一个很直观的令人满意的结果。

相对于未优化的线性调频脉冲的SINR_{LFM}，最优短脉冲的SINR_{opt}的SINR增益为

$$\text{SINR}_{\text{gain}} \stackrel{\text{def}}{=} \frac{\text{SINR}_{\text{opt}}}{\text{SINR}_{\text{LFM}}} = 7.0 \text{dB} \qquad (5.22)$$

而对于长脉冲，则为

$$\text{SINR}_{\text{gain}} \stackrel{\text{def}}{=} \frac{\text{SINR}_{\text{opt}}}{\text{SINR}_{\text{LFM}}} = 24.1 \text{dB} \qquad (5.23)$$

长脉冲能增加SINR，原因在于其频率分辨率更好，因此可更精确地形成发射调制，以对抗干扰。当然，与传统脉冲相比，未约束的最优脉冲存在一定的缺陷(如，较差的分辨率和脉压旁瓣)，通过有约束的优化就可解决这个问题(示例见文献[4])。

上面的例子在思想上与文献[12]中存在强同通道窄带干扰时产生的频谱凹口波形设计问题相似。在这种情况下，不仅要滤除接收时的干扰，而且还要选择使同通道波段能量最小的发射波形。我们鼓励读者使用不同的凹口频谱和脉冲长度假设，并结合式(5.12)进行试验。非冲激型目标模型(即扩展目标)也能包含其中。

5.2 杂波环境中的最优 MIMO 雷达

仔细观察图5.5，该图描述了目标通道与杂波通道。根据定义，杂波是无用

目标的回波,如 MTI 雷达中的地面反射。

与 5.1 节中的色噪声不一样,杂波是一种依赖于信号的噪声[13-14],因为杂波与发射信号特征(如,发射天线方向图和强度及工作频率、带宽、极化)有关。根据图 5.5,接收机输入端对应的 SCNR 表示为

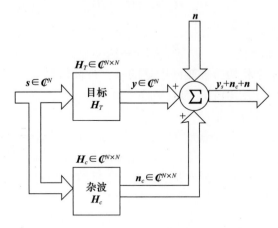

图 5.5 杂波环境中的雷达信号框图(说明了杂波信号对发射信号的直接依赖性)

$$\mathrm{SCR} = \frac{E(y'_T y_T)}{E(y'_c y_c) + \sigma^2 I} = \frac{s' E(H'_T H_T) s}{s' E((H'_c H_c) + \sigma^2 I) s} \quad (5.24)$$

式中:$H_c \in \mathbb{C}^{N \times N}$ 表示杂波传递矩阵,且通常是随机的,$\sigma^2 I$ 表示白噪声(非杂波)分量的协方差。等式(5.24)是广义瑞利熵[7],当 s 是对应最大特征值的如下广义特征值问题的一个解时,这个瑞利熵达到最大,即

$$E(H'_T H_T) s = \lambda (E(H'_c H_c) + \sigma^2 I) s \quad (5.25)$$

因为 $E(H'_c H_c) + \sigma^2 I$ 是正定的,所以式(5.25)可转换成前面讨论过的一般特征值问题,具体表示为

$$(E(H'_c H_c) + \sigma^2 I)^{-1} E(H'_T H_T) s = \lambda s \quad (5.26)$$

文献[4]将式(5.25)与式(5.26)应用于 MTI 杂波的全空时杂波抑制中。这里我们将考虑它在旁瓣目标抑制问题中的应用,这当然是地杂波干扰问题的核心,因为杂波本质上就是不需要的目标的回波。

考虑阵元间距为半个波长的窄带 $N=16$ 单元 ULA,其静态方向图如图 5.6 所示。这个 ULA 实际上在前文中已经用过(如第 2 章)。除了在归一化角度 $\bar{\theta} = 0$ 处有一个期望目标以外,在 $\bar{\theta}_1 = -0.3, \bar{\theta}_2 = 0.1, \bar{\theta}_3 = 0.25$ 处分别存在强旁瓣目标,如图 5.6 所示,其中,归一化角度定义如下:

$$\bar{\theta} \stackrel{\text{def}}{=} \frac{d}{\lambda}\sin\theta \tag{5.27}$$

式中:d 是 ULA 的阵元间距;λ 是工作波长(假设各单元一致,且工作在窄带条件下)。

这些目标(可能是强的离散杂波)的存在已经被预先检测到,因此它们的方向是已知的。它们强大的旁瓣可能会掩盖较弱的主瓣目标。我们希望,基于这些知识,通过发射置零使这些目标泄漏到主瓣的能量最小化,以降低对主瓣中有用目标进行检测时的影响;发射置零的意思是,在发射天线方向图上,将不需要的目标方向置零。

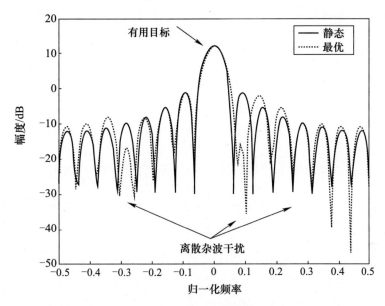

图 5.6 通过最大化 SCR 使旁瓣目标在发射时就被消隐。
注意:在干扰目标方向上设置凹口,同时保持期望的主瓣不变[4]

在当前案例中,目标与干扰的传递矩阵的第(m,n)个元素,分别如下所示:

$$[\boldsymbol{H}_T]_{m,n} = \mathrm{e}^{\mathrm{j}\varphi}(\text{常数}) \tag{5.28}$$

$$[\boldsymbol{H}_c]_{m,n} = a_1\mathrm{e}^{\mathrm{j}2\pi(m-n)\bar{\theta}_1} + a_2\mathrm{e}^{\mathrm{j}2\pi(m-n)\bar{\theta}_2} + a_3\mathrm{e}^{\mathrm{j}2\pi(m-n)\bar{\theta}_3} \tag{5.29}$$

式中:φ 是整体延迟(双程传播),不影响对式(5.25)的求解,所以可以忽略这个量;$[\boldsymbol{H}_c]_{m,n}$ 表示杂波传递矩阵的第(m,n)个元素,由 3 个目标的窄带信号回波线性叠加而成[11,15],其中信号都是从 ULA 的第 n 个阵元发射,而回波由第 m 个阵元接收,ULA 的发射与接收都是基于同一个阵列。注意:实际应用中,式(5.29)中的各信号之间可能存在随机相对相位,为了方便起见,我们通常忽略这个随机相对相位,但实际上通过求取内核 H'_cH_c 的期望值就可解决这个问题。

解出式(5.25)的最优特征向量就可以得到能最大化 SCR 的发射方向图,这个方向图也显示在图 5.6 中。相对于期望目标,竞争目标(即上文中的干扰目标或旁瓣目标)的幅度设为 40dB,0dB 的对角加载被加到 H'_cH_c 中以改善数值条件,使其能够进行求逆运算。尽管有点不严谨,但它确实提供了一种控制凹口深度的机制——在实践中,凹口深度受到发射通道失配程度的限制[16]。我们可以在图中看到,预期的竞争目标方向上存在发射天线方向图凹口。

接下来,我们使用优化框架严格地证明关于脉冲形状与均匀杂波中点目标检测的一个显而易见的结果;也就是说,在分布式独立同分布(i.i.d)杂波中检测点目标的最佳波形本身就是一个冲激,即具有最大分辨能力的波形。这一众所周知的结果最初是由 Manasse 用另一种方法证明的[17]。

考虑一个任意选择的位于时间原点的单位点目标,分别给出其相应的冲激响应和传递矩阵,即

$$h_T[n] = \delta[n] \tag{5.30}$$

和

$$\boldsymbol{H}_T = \boldsymbol{I}_{N \times N} \tag{5.31}$$

式中:$\boldsymbol{I}_{N \times N}$ 表示 $N \times N$ 维单位阵。对于均匀分布的杂波,对应的冲激响应表达式为

$$h_c[n] = \sum_{k=0}^{N-1} \tilde{\gamma}_k \delta[n-k] \tag{5.32}$$

式中:$\tilde{\gamma}_i$ 表示第 i 个距离单元(即快时间采样)中所含杂波的复反射率随机变量。对应的传递矩阵表示为

$$\tilde{\boldsymbol{H}}_c = \begin{bmatrix} \tilde{\gamma}_0 & 0 & 0 & \cdots & 0 \\ \tilde{\gamma}_1 & \tilde{\gamma}_0 & 0 & \cdots & 0 \\ \tilde{\gamma}_2 & \tilde{\gamma}_1 & \tilde{\gamma}_0 & \cdots & 0 \\ \vdots & \vdots & \vdots & \ddots & \vdots \\ \tilde{\gamma}_{N-1} & \tilde{\gamma}_{N-2} & \tilde{\gamma}_{N-3} & \cdots & \tilde{\gamma}_0 \end{bmatrix} \tag{5.33}$$

假设随机杂波系数 $\tilde{\gamma}_i$ 是独立同分布的,则

$$E\{\tilde{\gamma}_i^* \tilde{\gamma}_j\} = P_c \delta[i-j] \tag{5.34}$$

于是,有

$$E\{[\tilde{\boldsymbol{H}}_c'\tilde{\boldsymbol{H}}_c]_{i,j}\} = \begin{cases} 0, & i \neq j \\ (N+1-i)P_c, & i = j \end{cases} \quad (5.35)$$

式中：$[\ ]_{i,j}$ 表示传递矩阵的第 (i,j) 个元素。注意：式(5.35)也是对角矩阵(因此是可逆的)，但是对角线元素不相等。

最后，把式(5.31)和式(5.35)代入式(5.26)，可得

$$E\{\tilde{\boldsymbol{H}}_c'\tilde{\boldsymbol{H}}_c\}^{-1}\boldsymbol{s} = \lambda \boldsymbol{s} \quad (5.36)$$

其中

$$E\{\tilde{\boldsymbol{H}}_c'\tilde{\boldsymbol{H}}_c\}^{-1} = \frac{1}{P_c}\begin{bmatrix} d_1 & 0 & \cdots & 0 \\ 0 & d_2 & \cdots & 0 \\ \vdots & \vdots & \ddots & \vdots \\ 0 & 0 & \cdots & d_N \end{bmatrix} \quad (5.37)$$

而且

$$d_i \overset{\text{def}}{=} (N+i-1)^{-1} \quad (5.38)$$

很容易验证式(5.36)的解即为最大特征值对应的特征向量，如下式所示：

$$\boldsymbol{s} = \begin{bmatrix} 1 & 0 & \cdots & 0 \end{bmatrix}^T \quad (5.39)$$

也就是说，检测点目标的最佳脉冲形状本身就是一个冲激信号。这是很显然的，因为这样的形状只激励目标距离单元，并使其他所有包含竞争杂波的距离单元归零。

当然，在实际中发射一个窄脉冲(更不用说冲激信号)是很困难的(如高峰值功率脉冲)，所以通常采用扩频波形(如 LFM)近似获得窄脉冲[10]。由这个示例可以明确地知道，在均匀随机杂波情况下，除了最大限度地增加带宽(即距离分辨率)外，为点目标设计复杂波形的做法并无益处。关于杂波抑制问题，有兴趣的读者可以参阅文献[4]来学习优化其他自由度(如角度 – 多普勒)的一些示例，包括发射端 STAP[18]。

5.3 最优 MIMO 雷达目标识别

本节将为最优目标识别问题推导 MIMO 雷达架构。考虑存在两种可能情况(多目标情况后面再讨论)时的目标分类问题。这就是典型的二元假设检验问题[2]，即

$$\begin{aligned}（目标1）\quad & H_1: y_1 + n = H_{T_1}s + n \\ （目标2）\quad & H_2: y_2 + n = H_{T_2}s + n\end{aligned} \quad (5.40)$$

式中: H_{T_1} 和 H_{T_2} 分别表示目标 1 和目标 2 的目标传递矩阵。众所周知,对于加性高斯噪声情况,最优接收机的决策结构由一组匹配滤波器构成,每个匹配滤波器匹配不同的目标假设,然后再接一个比较器,如图 5.7 所示[2]。注意:上述决策结构预设的前提是存在目标 1 或者存在目标 2,但不是两者都存在。此外,还默认已经进行了目标检测,以确保确实存在一个目标(即二元检测[2])。零假设(无目标存在)可以作为一个单独的假设包含在检验中(参见下面关于多目标情况的讨论)。

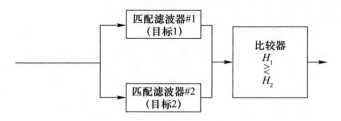

图 5.7 面向 AGN 问题的二元(两个目标)假设检验的最优接收机结构示意图

图 5.8 对这个问题进行了解释。如果目标 1 存在,那么观测到的信号 $y_1 + n$ 会聚集在观测空间中的#1 号点周围——这个观测空间可能包括关系到目标识别问题的多个维度(如快时间、角度、多普勒、极化)。图 5.8 中#1 号点周围的不确定范围(如果是 AGCN,则该范围一般为椭球)表示加性噪声 n 的 1 - sigma 概率,对于#2 号点也是类似的。显然,如果 y_1 与 y_2 是完全可分离的,那么正确分类的概率就相当高。

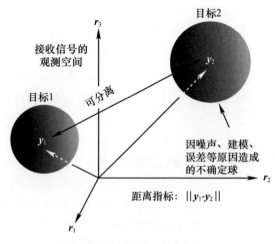

图 5.8 两目标识别问题的示意图

需要特别注意的是，y_1 与 y_2 依赖于发射信号 s，如式(5.40)所示。所以，通过选择使 y_1 和 y_2 之间距离最大化的 s，就有可能在适当的条件概率密度函数假设下最大化正确分类的概率(例如，关于条件概率密度函数的单峰性假设，见下文)。也就是说，有

$$\max_{\{s\}} |d'd| \tag{5.41}$$

其中

$$d \stackrel{\text{def}}{=} y_1 - y_2 = H_{T_1}s - H_{T_2}s = (H_{T_1} - H_{T_2})s \stackrel{\text{def}}{=} Hs \tag{5.42}$$

$$H \stackrel{\text{def}}{=} H_{T_1} - H_{T_2} \tag{5.43}$$

将式(5.42)代入式(5.41)，得到

$$\max_{\{s\}} |s'H'Hs| \tag{5.44}$$

上式跟式(5.10)一模一样，因此，就得到了能解出最大化分类距离的方程式，即

$$(H'H)s_{\text{opt}} = \lambda_{\max} s_{\text{opt}} \tag{5.45}$$

关于式(5.45)的一个有趣的解释如下：s_{opt} 是能最大程度分离目标响应的发射输入，而且还是由目标传递矩阵的差(即式(5.43))构成的传递核函数 $H'H$ 的最大特征函数(即最大特征值对应的特征向量)。再次说明，如果组合目标传递矩阵是随机的，那么在式(5.45)中可用期望值 $E\{H'H\}$ 替代 $H'H$。接下来，我们用一个两目标的数值例子进行说明。

用 $h_1[n]$ 和 $h_2[n]$ 分别表示目标#1 和目标#2 的冲激响应，如图 5.9 所示。图 5.10 给出了两种不同的(归一化)发射波形，即线性调频波形和最优波形(见式(5.45))，以及它们对应的归一化分离范数，分别为 0.45 和 1(对应 6.9dB 的分离程度上的改善)。为了确定不同发射波形正确分类概率的相对值，首先需要设置 SNR 水平(由此确定了假设为圆高斯的条件概率密度函数)，然后通过测量重叠部分的大小计算概率[2]。

只根据时域波形并不能明显地得出最优脉冲的性能优势。但是，图 5.11 揭示了提升分离程度的机制。图中分别给出了傅里叶谱 $H(\omega) = H_{T_1}(\omega) - H_{T_2}(\omega)$ 与 $S_{\text{opt}}(\omega)$。从中可以看到，对于 $H(\omega)$ 较大的区域(即目标之间差异较大的区域——这也是一个直观的结果)，$S_{\text{opt}}(\omega)$ 会在这些频谱区域中分配更多的能量。当脉冲调制可作为最优发射设计方程的解的可行形式时，我们理论上可以选择使用任何发射自由度(如极化)。这种选择显然依赖于所针对的应用背景。

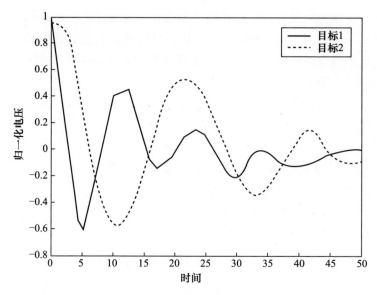

图 5.9 用于两目标识别问题的目标冲激响应(格林函数)示意图

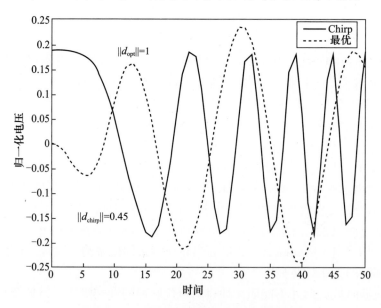

图 5.10 LFM 与最优脉冲波形的示意图

参考图 5.8,我们看到,式(5.45)的解能够最大化条件概率密度函数分离指标 $d = \|d\|$。对于具有单峰概率密度函数的加性噪声情况,最大化 d 就是最小化两个条件概率密度函数的重叠部分,因此,对于 s 来说,这是统计上的最优选择。注意:这里无须作高斯假设。

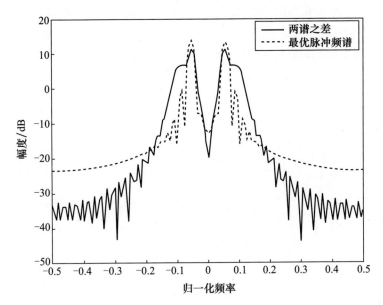

图 5.11 最优脉冲频谱和目标差异谱的对比示意图,揭示了提升目标分离程度的机制

上述内容可以很容易地扩展到多目标情况中。对于 L 个目标,我们要确保 L 个目标的响应球能被最大限度地分离(这是一类逆球体填充问题[19])。要实现这一点,我们应当联合最大化这组分离指标 $\{\|d_{ij}\| \mid i=1:L; j=i+1:L\}$ 的范数,即

$$\max_s \sum_{i=1}^{L} \sum_{j=i+1}^{L} |d'_{ij} d_{ij}| \tag{5.46}$$

根据定义,d_{ij} 表示为

$$d_{ij} \stackrel{\text{def}}{=} (H_{T_i} - H_{T_j}) s \stackrel{\text{def}}{=} H_{ij} s \tag{5.47}$$

式(5.46)可重新写为

$$\max_s s' \left(\sum_{i=1}^{L} \sum_{j=i+1}^{L} H'_{ij} H_{ij} \right) s \stackrel{\text{def}}{=} s' K s \tag{5.48}$$

因为 $K \in \mathbb{C}^{N \times N}$ 是半正定矩阵的和,所以它也有如下这个相同的特性,最优发射输入满足

$$K s_{\text{opt}} = \lambda_{\max} s_{\text{opt}} \tag{5.49}$$

图 5.12 描绘了 3 个不同目标的冲激响应,其中两个目标与前面讨论的两目标示例是一样的。求解式(5.48)和式(5.49)得出一个最优分离波形,由式(5.46)定义的该最优分离波形的平均分离度为 1.0,相比之下,线性调频信号

为0.47——改善了6.5dB,这比前面示例中的略小,这也是意料之中的,因为3个目标情况下的波形探测要求要高一些。跟预计的一样,最优波形的性能优于(在这个案例中,明显优于)线性调频等那些未优化的脉冲波形。

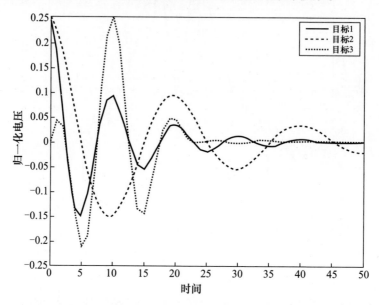

图5.12 用于三目标识别问题的目标冲激响应示意图

参考文献

[1] Greenberg, M. D., *Applications of Green's Functions in Science and Engineering*, New York: Prentice Hall, 1971.

[2] Van Trees, H. L., *Detection, Estimation and Modulation Theory. Part I*, New York: Wiley, 1968.

[3] Barton, D. K., *Modern Radar System Analysis*, Norwood, MA: Artech House, 1988.

[4] Guerci, J. R., *Cognitive Radar: The Knowledge-Aided Fully Adaptive Approach*, Norwood, MA: Artech House, 2010.

[5] Papoulis, A., *Signal Analysis*, New York: McGraw-Hill, 1984.

[6] Papoulis, A., *Circuits and Systems: A Modern Approach*, New York: Holt, Rinehart and Winston, 1980.

[7] Horn R. A., and C. R. Johnson, *Matrix Analysis*. Cambridge, UK: Cambridge University Press, 1990.

[8] Pierre, D. A., *Optimization Theory with Applications*: Mineola, NY: Dover Publications, 1986.

[9] Guerci, J. R., and S. U. Pillai, "Theory and Application of Optimum Transmit-Receive Radar," in *The Record of the IEEE 2000 International Radar Conference,* pp. 705–710.

[10] Cook, C. E, and M. Bernfeld, *Radar Signals,* New York: Academic Press, 1967.

[11] Richards, M. A., *Fundamentals of Radar Signal Processing,* New York: McGraw-Hill, 2005.

[12] Lindenfeld, M. J., "Sparse Frequency Transmit-and-Receive Waveform Design," *IEEE Transactions on Aerospace and Electronic Systems,* Vol. 40, 2004, pp. 851–861.

[13] Van Trees, H. L., *Detection, Estimation, and Modulation Theory,* Part II, New York: John Wiley and Sons, 1971.

[14] Van Trees, H. L., *Detection, Estimation, and Modulation Theory: Radar-Sonar Signal Processing and Gaussian Signals in Noise, Part III,* Krieger Publishing Co., Inc., 1992.

[15] Guerci, J. R., *Space-Time Adaptive Processing for Radar,* Norwood, MA: Artech House, 2003.

[16] Monzingo, R. A., and T. W. Miller, *Introduction to Adaptive Arrays,* Raleigh, NC: SciTech Publishing, 2003.

[17] Manasse, R., "The Use of Pulse Coding to Discriminate Against Clutter," *Defense Technical Information Center (DTIC),* Vol. AD0260230, June 7, 1961.

[18] Guerci, J. R., *Space-Time Adaptive Processing for Radar,* Second Edition, Norwood, MA: Artech House, 2014.

[19] Hsiang, W. Y., "On the Sphere Packing Problem and the Proof of Kepler's Conjecture," *International Journal of Mathematics,* Vol. 4, 1993, pp. 739–831.

第6章 自适应 MIMO 雷达与 MIMO 通道估计

本章主要介绍自适应 MIMO 雷达的概念。第 5 章介绍了最优 MIMO 雷达，其中需要已知关于雷达通道(目标、杂波和干扰)的先验知识。在实际应用中，通道的先验知识最多是近似的或者是完全未知的。因此，有必要研究利用自适应方法来逼近最优技术的技术。

6.1 节介绍的自适应 MIMO 技术本质上是传统自适应雷达中像 STAP 那样的常用方法的扩展，STAP 这类方法也是试图近似最优接收技术[1-3]。6.2 节介绍了一种新的通道估计方法，它结合了正交 MIMO 技术和最优 MIMO 技术，为雷达处理创建了一种全新的混合方法。

6.1 自适应 MIMO 雷达概述

第 5 章在假设精确已知(确定的和/或统计性的)通道(目标和干扰)知识的基础上，推导了最优多维收发(即 MIMO)设计方程。然而，熟悉实际雷达的人都很清楚，通道特性在很大程度上是动态变化的，也就是说，必须要自适应地进行在线表征。这仅仅是现实世界中的目标特别是干扰的动态特性的一个简单的反映。

虽然针对雷达自适应接收问题开发了大量的技术，但是为了自适应调整发射函数，尤其是为了适应与发射端密切相关的干扰(如杂波)，而对所需的通道特性进行估计，这仍是一个相对较新的领域。在 6.2 节中，我们将探讨几种解决自适应 MIMO 优化问题的方法。

加性噪声干扰是一种典型的与发射信号无关的干扰[4]。在没有先验知识的情况下，通常采用基础方法(及其诸多修正算法，如对角加载和主分量方法[2,5-6])来估计样本协方差矩阵。该方法除了统计上的最优特性以外(是独立同分布的加性高斯噪声情况下的极大似然解[7])，还能采用高效的并行处理加速它的实时运算[8]。

图 6.1 描述了估计加性的、与发射无关的干扰统计特性的一般流程。具体来说，就是干扰协方差矩阵 $\boldsymbol{R} \in \boldsymbol{C}^{N \times N}$ 用 $\hat{\boldsymbol{R}} \in \boldsymbol{C}^{N \times N}$ 近似，即

$$\hat{\boldsymbol{R}} = \frac{1}{L}\sum_{q \in \Omega} \boldsymbol{x}_q \boldsymbol{x}'_q \tag{6.1}$$

式中：$x_q \in \mathbb{C}^N$ 表示第 q 个独立时间样本（如一个距离或多普勒单元）对应的一个 N 维接收阵列快拍（空域、空时等），L 表示独立同分布样本的数量，Ω 表示合适的训练样本集。正如图 6.1 所述，选择的这个训练区域通常在距离上靠近待检测的距离单元（尽管如此，也有很多变通方法）。此外，如果选择的样本是高斯的且是独立同分布的，则可证明式(6.1)就是文献[7]中的极大似然估计。我们将通过举例阐述这个方法。

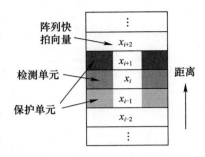

图 6.1 针对加性的、与发射无关的干扰，给出了估计干扰统计特性的一般方法示意图[9]

这里采用第 5 章中的多径干扰示例进行阐述，不一样的是，这里必须在线估计未知的干扰统计特性。因此，这里的白化滤波器采用的是协方差矩阵估计值而非第 5 章中所用的真实协方差矩阵。

图 6.2 绘制的是短脉冲情况下相对最优方法的总输出 SINR 损失，它是式(6.1)中用到的独立样本数量的函数。这个结果是基于 50dB 干噪比、50 次蒙特卡罗实验得出的均方根误差意义上的平均值，当样本数低于 11（半正定情况）时，通过少量对角加载依然可以求逆。

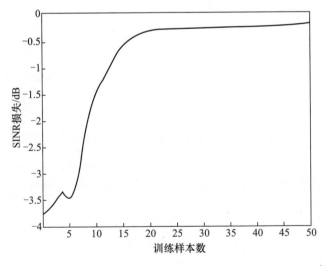

图 6.2 多径干扰场景下，训练样本数对输出 SINR 损失的影响[9]

需要注意的是快速收敛能力，并将之与自适应波束形成[10]的 SINR 损失性能进行对比，后者通常慢很多。这是因为我们只估计了单个主特征值/特征向量对。关于主成分估计与收敛性质的权威研究，感兴趣的读者可以参考文献[11]。

6.2 MIMO 通道估计技术

文献[9]首次实现了正交 MIMO 技术在最优 MIMO 中的另一重要应用,即能快速有效地进行通道估计。自此之后,学术界开发出了许多能利用这种能力的技术[12-14]。但是,最早在实际中开展 MIMO 通道估计试验的是科茨等人[15]。

文献[15]中所述的试验如图 6.3 所示,图中描绘了一个可被两部地理位置不同的雷达同时检测到的空中高价值目标(HVT)。考虑到目标的高价值特性,我们希望能使两部雷达相参工作,以使每部雷达处的总信噪比最大化。要实现目标相参,需要两部雷达的波形形成有效的干涉效应。但是,要做到这一点,需要将发射路径的先验知识精确到几分之一波长的程度[15]——这本质上来说就是一个动态通道校准问题,其中,通道包括两部雷达的传播响应和目标响应。

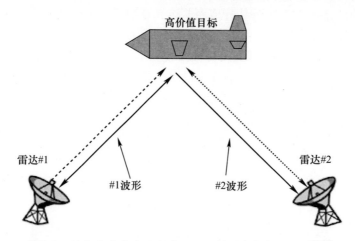

图 6.3 使分布式雷达性能最大化的 MIMO 相参目标法[9,15]

同时发射正交波形来估计两部雷达(就像目标来观察雷达一样)之间所需的相对时间延迟,然后在各雷达中检测和处理正交波形,步骤如下。

(1)在各雷达中,从两部雷达的总传播时间中减去已知的另一部雷达到目标的单程时延(假设已进行了精确的时间同步),剩余的就是双基地路径的第一段引起的时延(图 6.3)。

(2)通过在各雷达中预补偿一个联合波形,使得这两个波形在目标处实现相参,从而使信噪比提升 3dB(理想情况下)。如果上述过程推广到 N 个雷达,理论上,可以获得 $10\log N$ 分贝的信噪比增益。

尽管前面对该过程的描述比较简单,但在实际中,上述过程的实现还存在诸多困难,包括精确到几分之一波长的目标运动补偿以及精确的相位/定时稳定性。读者可参考文献[15]以了解更多细节。

如前所述,利用正交波形 MIMO 雷达,可自适应估计组合的目标-干扰通道,这是因为各个输入输出响应在特定条件下能同时求解。一旦得到了组合通道的估计,就应当使用第 5 章得出的最优 MIMO 收发架构来最大化 SINR、SCNR 或正确分类概率。

为了解这些先进的 MIMO 探测技术的工作原理,我们先给出感兴趣的距离单元的空间杂波传递函数 H,如下所示:

$$H = \begin{bmatrix} H_{11} & H_{12} & \cdots & H_{1N} \\ H_{21} & H_{22} & \cdots & H_{2N} \\ \vdots & \vdots & \ddots & \vdots \\ H_{N1} & H_{N2} & \cdots & H_{NN} \end{bmatrix} \quad (6.2)$$

其中,我们一般假设发射通道与接收通道的数量是相同的。当使用传统相控阵方法(即单输入多输出(SIMO))时,我们不能获得每个发射单元的收发路径,所以不能完全描述杂波通道的特征。但是,如果使用 MIMO 方法,就可以完全描述杂波通道的特征。

相关的发射信号向量 s 具有如下形式:

$$s = \begin{bmatrix} s_1 \\ s_2 \\ \vdots \\ s_N \end{bmatrix} \quad (6.3)$$

式中:s_i 表示第 i 个发射机发射的波形(关于该方法的更多背景知识见文献[16-19])。所以,本例中 H_{ij} 表示第 j 个发射单元(或子阵)与第 i 个接收单元之间的传递函数。对于一个基本的窄带平稳杂波模型,一个合理的近似是 $H_{ij} = h_{ij}I$,即在一个脉冲内,杂波信号不发生变化——短脉冲情况下尤其如此。当然,相对多普勒引起的脉间变化对于 MTI STAP 来说是正常的。

利用一个类似于 CDMA 中采用的接收机结构[17],就有可能重构式(6.2)中各个元素的估计值。为了理解它的原理,我们先给出第 j 个发射波形在第 i 条接收通道中的匹配滤波输出,即

$$y_{ij} = s_j' z_i = \alpha_{ij} s_j' H_{ij} s_j + n_{r_i} + n_i = \alpha_{ij} s_j' (h_{ij} I) s_j + n_{r_i} + n_i = a_{ij} h_{ij} + n_{r_i} + n_i \quad (6.4)$$

式中:z_i 是第 i 个接收机输入处的接收信号;n_j 是第 j 个接收通道中的接收机噪

声;α_{ij}是一个标量,是包含发射功率及其 R^4 损失等因素影响在内的自由空间传播因子;n_{r_i}是经 CDMA 处理后的剩余分量。注意:如果采用 TDMA 或 FDMA MIMO编码,则 n_{r_i}为零。但是,此类技术也各有优缺点,例如,分时对通道进行采样(TDMA)或分频对通道进行采样(FDMA),其是否可用或多或少都依赖于实际应用。还要注意,我们假设了一个理想的归一化匹配滤波器(即 $s_i's_i = 1$),由此造成的任何偏差都将归入 α_{ij} 中。因此,我们可以看到,如果不看共同的自由空间尺度因子,第 i 个接收机的输出就是关于通道元素 h_{ij} 的尺度化的受噪声污染的估计结果 $\hat{h}_{ij}$。

从 STAP 基础理论中得知,实际干扰协方差矩阵 $\boldsymbol{R}$ 的估计值 $\hat{\boldsymbol{R}}_{sm}$ 通常可由极大似然优化方法显式或隐式得出,这就有了基于样本的协方差形式:

$$\hat{\boldsymbol{R}}_{sm} = \kappa \sum_{k=1}^{K} \boldsymbol{x}_k \boldsymbol{x}_k' \tag{6.5}$$

式中:$\boldsymbol{x}_k$ 表示第 k 个距离单元的空时接收阵列快拍向量;K 表示样本总数。这个方法有一个重要且根本的缺点,即需要假设各距离单元的样本之间统计平稳且相互独立[2]。来自单个距离单元的估计值实际上是秩 1 的,因为它是由单个向量外积形成的。

将式(6.5)和式(6.4)关联起来,注意到 $\boldsymbol{x}_k$ 具有以下形式:

$$\boldsymbol{x}_k = \boldsymbol{H}_k \boldsymbol{s} + \boldsymbol{n}_k \tag{6.6}$$

式中:$\boldsymbol{H}_k$ 是全维传递函数;$\boldsymbol{s}$ 是发射导向向量;$\boldsymbol{x}_k$ 是接收信号;$\boldsymbol{n}_k$ 是接收机噪声(假设在空间上和时间上都是通常的平稳白噪声)。注意:对于给定的距离单元,这种传统的 SIMO 法只能得到通道传递函数的秩 1 测量值。这就是为什么需要平均多个距离单元来获得满秩并最终有用的协方差估计值。从式(6.6)我们还能导出总干扰协方差矩阵 $\boldsymbol{R} = \boldsymbol{R}_c + \sigma^2 \boldsymbol{I}$ 中的杂波分量 $\boldsymbol{R}_c$ 的表达式,即对于第 k 个距离单元,$\boldsymbol{R}_{c_k} = \text{cov}(\boldsymbol{H}_k \boldsymbol{s})$。

注意:对于白噪声照射的平稳情况,式(6.6)包含的信息与 $\boldsymbol{R}_c$ 相同,这是因为

$$\boldsymbol{R}_{c_k} = \text{cov}(\boldsymbol{H}_k \boldsymbol{s}) = \text{cov}(\boldsymbol{H}_k \boldsymbol{n}) = E(\boldsymbol{H}_k \boldsymbol{H}_k') \tag{6.7}$$

式中:$\boldsymbol{n}$ 是具有单位协方差矩阵的白噪声,且对于静态杂波情况,则有 $E(\boldsymbol{H}_k \boldsymbol{H}_k') = \boldsymbol{H}_k \boldsymbol{H}_k'$。更实际的作用在于,$\boldsymbol{H}_k$ 可用于预测并相参地消除第 k 个距离单元中的杂波干扰。当然,要完美地做到这一点,需要已知 $\boldsymbol{H}_k$ 和 $\delta \boldsymbol{s}$ 的准确值,且两者缺一不可。不过,在高度非均匀的强杂波环境中,这种预滤波过程可以用来消除非平稳杂波序列随距离变化的趋势[9,20],使得剩余杂波更具统计平稳性,从而更适

用于传统的基于样本协方差的方法。

用 δs 和 δH 分别表示发射导向向量 s 和杂波传递函数 H 的估计误差。相应的带误差的预测将具有如下表达式：

$$\hat{y}_i = (H + \delta H)(s + \delta s) = y_i + \delta Hs + H\delta s + \delta H\delta s = y_i + \delta y_i \quad (6.8)$$

我们合理地假设，δs 和 δH 都是零均值且互不相关的，则误差 δy_i 的方差为

$$\text{var}(\delta y_i) = \text{var}(\delta H)s + H\text{var}(\delta s) \quad (6.9)$$

再说一次，这种预滤波（或更准确地说是去趋势）也许只能用在较强且高度非平稳的杂波环境中，但能得到更平稳的剩余杂波，而这种剩余杂波更适合传统的样本协方差估计技术。

6.3 在强离散杂波点抑制中的应用

MIMO 通道探测技术的另一个重要应用就是强离散杂波点的检测、估计与主动抑制（基于发射）[13]。强离散杂波点表现得像干扰源一样，其存在将恶化检测器（如 CFAR[21]）的性能，其旁瓣还能掩盖弱目标回波，因此，非常有必要对其进行检测并抑制它们的影响。离散杂波点的响应是空时发射函数的函数，也就是说，与只针对接收机的 STAP 技术不同的是，MIMO 与最优 MIMO 技术可用于主动抑制离散杂波点。

文献[14]首次阐述了用于提升杂波估计性能的 MIMO 雷达探测概念。事实表明，利用一个类似于 CDMA 所采用的接收机结构来探测环境，就有可能获得组合发射/接收通道矩阵中各个元素的估计值，其中该组合发射/接收通道矩阵表征了各发射天线阵单元与各接收单元之间的雷达波形的传播。这反过来会大大降低为充分发挥 STAP 性能而对训练样本数量的需求——这个结果在非平稳杂波环境中非常有用。我们会在本节中讲述如何将这个探测概念扩展到 GMTI 雷达系统中，以快速提取雷达场景中的强离散杂波点的信息，然后通过采用合适的、能在最强离散点方向形成照射方向图凹口的空时波形来主动抑制这些强离散杂波点。

这种新的 MIMO 杂波探测波形的一个重要特征是利用了离散杂波点的强信号特征（根据定义）。这样就可以使用极短脉冲，而使用极短脉冲又有利于改善文献[18]中所述的互相关形成的距离旁瓣杂波泄漏，这种泄露在分布式 GMTI 杂波环境中使用长脉冲压缩波形时是不可避免的（图 6.4）。较短脉冲也能使 PRI 更短，从而可用来最大程度地降低对雷达调度的影响。

下面仍然采用带有 N 个相同发射与接收天线单元的 N 通道 ULA 进行讨

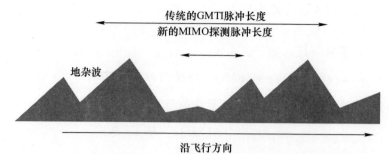

图 6.4 新的 MIMO 探测波形采用比传统 GMTI 脉冲压缩波形
短得多的脉冲,从而改善了互相关形成的距离旁瓣杂波泄漏

论。雷达能够以某种方式发射 MIMO 波形,如在各发射相位中心使用单独的波形发生器(成本高),或者在各发射通道中使用合适的相位调制(如双相调制器等)(成本稍低),都可以实现这个功能。

用 $\{s_1, s_2, \cdots, s_N\}$ 表示 N 个短脉冲 MIMO 探测波形。于是,总的组合空时发射波形 s 具有如下表达式:

$$s = \begin{bmatrix} s_1 \\ s_2 \\ \vdots \\ s_N \end{bmatrix} \tag{6.10}$$

s 的确切维度取决于选用的发射自由度。例如,s_n 可能是第 n 个发射子阵列或天线发射的快时间单极化波形。与文献[14]中介绍的通道探测法不同,我们不会估计杂波传递函数,而是在接收机中使用 CDMA 类匹配滤波,从而同时形成多个收发波束来覆盖感兴趣的雷达视场。这个视场的最大范围由赋形后的 MIMO 发射波束宽度决定,而赋形后的 MIMO 发射波束宽度又取决于单个阵元或子阵方向图。

虽然基于大型匹配滤波器组的批处理也能合成最终的输出 MIMO 收发束,但我们还是采用一种更容易描述且在某些情况下更方便操作的序贯处理过程。用 $\{y_1, y_2, \cdots, y_N\}$ 表示各接收阵元或子阵接收到的快时间波形集。对于第 m 个距离单元和第 i 条接收通道,可用 CDMA 类匹配滤波器重建 N 个发射自由度,即使用如下所示的匹配滤波器权向量 w_j:

$$w_j = s_j \tag{6.11}$$

对第 i 条接收通道的信号 $\boldsymbol{y}_i$ 进行匹配滤波,可得复标量结果 z_{ij},如下所示：

$$z_{ij} = \boldsymbol{w}_j' \boldsymbol{y}_i \qquad (6.12)$$

如果 $\boldsymbol{a}_\theta$ 表示感兴趣方向的 N 维发射导向向量,那么,第 m 个距离单元、第 i 条接收通道中的 N 维接收信号可通过下式完成相参积累：

$$x_i = \boldsymbol{a}_\theta' \boldsymbol{z}_i \qquad (6.13)$$

式中：x_i 是第 m 个距离单元、第 i 条接收通道的复标量输出；$\boldsymbol{z}_i$ 是 N 维向量,其元素由式(6.12)给出。最后,利用 N 维接收导向向量 $\boldsymbol{b}_\theta$ 就可得出总的聚焦的收发波束,即

$$r = \boldsymbol{b}_\theta' \boldsymbol{x} \qquad (6.14)$$

式中：$\boldsymbol{x}$ 是 N 维向量,其元素由式(6.13)给出。如果接收阵列与发射阵列的天线流型以及电子通道相等,则 $\boldsymbol{b}_\theta = \boldsymbol{a}_\theta$。

由于上述所有功能都是在接收机中以数字形式实现的,那么,实际上可以利用大规模并行处理,同时合成一组覆盖整个雷达视场的聚焦 MIMO 收发波束,由此产生的距离-角度杂波图可以被快速扫描(也是并行的)以获得大的离散杂波点。尽管因为使用了短脉冲和赋形的 MIMO 发射方向图,而使 CNR 有所损失,但因为目的是为了检测非常强的离散杂波点,所以也并不会造成什么大的问题。从实用的角度讲,这种有意降低检测灵敏度的做法确保了只有真正的强离散点才能被检测到。

再次强调,我们的目的是为了检测强离散杂波点,并尽量减少对雷达工作时序和资源的影响。采用非常短的发射脉冲和 MIMO 探测,使得雷达系统只需要传统 GMTI CPI 的一小部分时间就可达到同时快速探测整个雷达视场的效果[1]。

最后,一旦在距离-角度空间中检测并定位了强离散杂波点,那么,很多基于知识辅助(KA)的技术都可以用来抑制或削弱它们的不良影响。这类 KA 技术的复杂度各不相同,既有简单的智能消隐技术,也有复杂的接收端与发射端同时 KA 置零技术[14]。

考虑采用一部具有 10 单元均匀天线阵且阵元间距为半波长的带支架的机载雷达。该雷达能从 10 个天线单元上发射一个特殊波形,雷达的工作频率是 1240MHz,带宽是 20MHz。在下面的例子中,雷达在各天线单元上发射随机相位编码波形(即 $s_n(t) = \exp(j\phi_n(t))$,其中 $\phi_n(t)$ 均匀分布在区间 $[0, 2\pi]$ 上)。雷达的其他参数如表 6.1 所列。

表 6.1　雷达参数

参数	值
发射机峰值功率	1kW
占空比	0.1
发射天线增益	18dB
接收天线增益	18dB
目标 RCS	10dBsm
波长	0.24m
雷达系统损失	5dB
噪声温度	290K
PRF	1000Hz
带宽	10MHz
噪声因子	5dB

我们首先讨论包含 3 个强离散杂波点的例子。图 6.5 给出了针对式(6.5)中 MIMO 处理方法的杂波探测响应。我们从图中看到,3 个强离散杂波点清晰可辨。作为对比,图 6.6 展示了只用一条通道来发射时的输出结果。这代表了一种更传统的用于广域照射的波束赋形方法[22]。

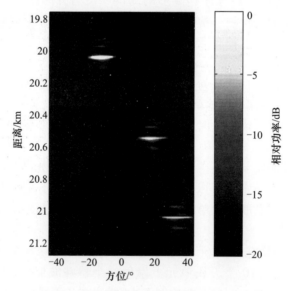

图 6.5　3 个强离散杂波点的 MIMO 探测响应
(© 2015IEEE。经同意转载于《2015 年 IEEE 雷达会议集》)

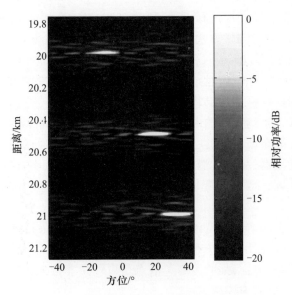

图 6.6 传统 SIMO(非 MIMO)的结果
(© 2015IEEE。经同意转载于《2015 年 IEEE 雷达会议集》)

我们看到,正如预期的那样,单个波形情况下的方位响应有更高的旁瓣,这是因为,不同于 MIMO 情况,它没有足够的自由度在信号处理器中形成双程天线方向图。图 6.7 显示了 20km 距离处的离散杂波点的方位切片图。这个结果清

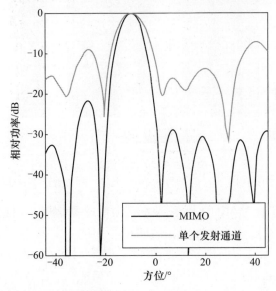

图 6.7 离散杂波点的方位响应(© 2015IEEE。经同意转载于《2015 年 IEEE 雷达会议集》)

晰地表明,SPP(Short Pulse Probing,短脉冲探测)MIMO 探测方法的旁瓣响应更低。它还表明,使用 MIMO 方法,产生了一个更窄的主瓣响应,这是预料之中的事,因为 MIMO 方法可以形成双程方向图。较低的旁瓣和较窄的主瓣响应对于解决由非均匀地形形成的高密度强离散杂波点场景中的杂波问题来说非常重要。

我们预计 MIMO 探测波形将会与实际雷达数据交织/嵌入在一起。例如,在一个 CPI 内的每个雷达脉冲的末端添加一个短 MIMO 脉冲。一旦使用 MIMO 探测脉冲检测到离散杂波点后,在处理主雷达脉冲时,就可以用采集到的 MIMO 数据来估计空间滤波器,从而对消离散杂波点。以下分析表明,这种利用 MIMO 探测数据作为二次训练数据实施场景中离散杂波点的自适应空间对消方法是可行的。

利用表 6.1 中的雷达模型计算 RCS 为 40dB 的离散杂波点的离散杂波噪声比(DNR),该 DNR 是距离与方位角的函数,其结果如图 6.8 所示。从图 6.8 中我们发现,如预期的那样,强的旁瓣离散点足以产生非常强的且易被检测到的雷达回波,这将导致高的虚警率。

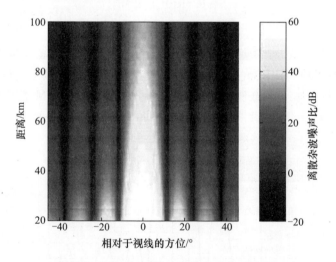

图 6.8　RCS 为 40dB 的离散杂波点的 DNR
(©2015IEEE。经同意转载于《2015 年 IEEE 雷达会议集》)

图 6.9 给出了针对 MIMO 探测脉冲的类似计算结果。在这种情况下,我们给出了经脉冲压缩与多普勒处理之后的单个 MIMO 发射/接收通道上的 DNR,此时,发射和接收天线方向图在水平维度上是全向的,其增益是全天线增益的 1/10。同时,假设各脉冲上的 MIMO 波形脉冲宽度是主雷达脉冲宽度的 1/10 因而此假设下,波形占空比比主雷达模式低 10dB。我们发现,尽管有增益损失和

发射损失,离散杂波点(本例中为 40dB RCS)因其 RCS 较高,仍然产生了强的回波信号。我们注意到,在场景中离散杂波点检测之前,执行处理过程的最后一步可以输出波束形成的结果。

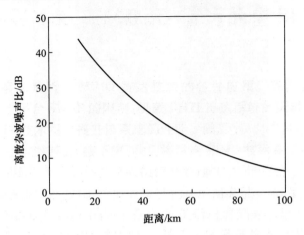

图 6.9　单个 MIMO 发射/接收通道情况,MIMO 探测模式下的 DNR
(©2015IEEE。经同意转载于《2015 年 IEEE 雷达会议集》)

只要检测到了离散点,MIMO 数据就能提供足够的样本,认求出离散杂波点的空域协方差的满秩估计。这是可能的,因为如果 MIMO 波形之间互相关性较弱,那么每个发射通道都会为离散杂波点产生一个独立的接收空域快拍。在这个例子中,将会获得 10 个空域样本,用于估计离散点的 10×10 维空域协方差矩阵。然后,在协方差估计结果的基础上,采用常规的方法[23]计算自适应空域滤波器,接着将该滤波器应用于检测到离散杂波点的距离/多普勒单元中的主雷达数据上。要注意的是,这种处理的结果是对消离散杂波点,而不是消隐[24]。这种结果更为可取,因为它可以在待检测距离-多普勒单元中保持高的目标检测概率。

图 6.10 给出了使用上述 MIMO 探测数据进行空间滤波后的 DNR。将这个结果与图 6.8 进行对比,我们看到,MIMO 数据提供了足够的样本(样本数和信噪比)来对消旁瓣离散点,使其在大部分距离范围内都低于噪底。该方法还能对消主瓣边缘的离散点。这是个很好的结果,因为它意味着使用探测、学习和自适应方法可以显著提升性能。我们忽略了 MIMO 波形之间的有限互相关的影响,因此这里给出的结果很可能就是性能的上限,而且我们还忽略了杂波的影响。在最后的实现过程中,可能需要用恰当的方式将离散杂波点的空域滤波器结合到雷达系统的特定 STAP 算法中。后续将研究如何结合并分析这些因素的影响。

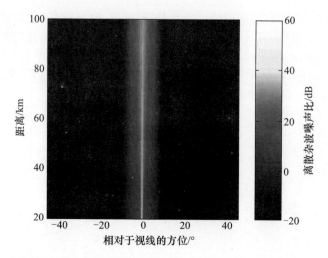

图 6.10　使用 MIMO 探测数据进行自适应空域滤波后的 DNR
（© 2015 IEEE。经同意转载于《2015 年 IEEE 雷达会议集》）

6.4　小结

本章阐述了无论在通道估计中，还是作为自适应最优 MIMO 不可分割的一部分，MIMO 技术都具有全新的意义。第 5 章所述的最优 MIMO 技术假设已知关于通道分量（目标、杂波、干扰）的先验知识（确定性的或统计性的），而这在实际中并不合理。但是，第 3 章和第 4 章中所述的正交 MIMO 固有的分集探测特性能自适应地提供所需的通道信息。在本章中，我们通过举例阐述了用 MIMO 通道探测技术解决许多雷达尤其是 GMTI 中经常出现的强离散杂波点的抑制问题。

参考文献

[1] Guerci, J. R., *Space-Time Adaptive Processing for Radar*, Second Edition, Norwood, MA: Artech House, 2014.

[2] Guerci, J. R., *Space-Time Adaptive Processing for Radar*, Norwood, MA: Artech House, 2003.

[3] Ward, J., "Space-Time Adaptive Processing for Airborne Radar," *Space-Time Adaptive Processing (Ref. No. 1998/241), IEE Colloquium on*, p. 2, 1998.

[4] Monzingo, R. A., and T. W. Miller, *Introduction to Adaptive Arrays*, Raleigh, NC: SciTech Publishing, 2003.

[5] Carlson, B. D., "Covariance Matrix Estimation Errors and Diagonal Loading in Adaptive Arrays," *Aerospace and Electronic Systems, IEEE Transactions on,* Vol. 24, 1988, pp. 397–401.

[6] Haimovich, A. M., and M. Berin, "Eigenanalysis-Based Space-Time Adaptive Radar: Performance Analysis," *Aerospace and Electronic Systems, IEEE Transactions on,* Vol. 33, 1997, pp. 1170–1179.

[7] Van Trees, H. L., *Detection, Estimation and Modulation Theory.* Part I. New York: Wiley, 1968.

[8] Farina, A., and L. Timmoneri, "Real-Time STAP Techniques," *Electronics & Communication Engineering Journal,* Vol. 11, 1999, pp. 13–22.

[9] Guerci, J. R., *Cognitive Radar: The Knowledge-Aided Fully Adaptive Approach.* Norwood, MA: Artech House, 2010.

[10] Reed, I. S., J. D. Mallett, and L. E. Brennan, "Rapid Convergence Rate in Adaptive Arrays," *Aerospace and Electronic Systems, IEEE Transactions on,* Vol. AES-10, 1974, pp. 853–863.

[11] Smith, S. T., "Covariance, Subspace, and Intrinsic Cramer-Rao Bounds," *Signal Processing, IEEE Transactions on,* Vol. 53, 2005, pp. 1610–1630.

[12] Guerci, R., J. S. Bergin, M. Khanin, and M. Rangaswamy, "A New MIMO Clutter Model for Cognitive Radar," in *2016 IEEE Radar Conference (RadarConf),* pp. 1–6.

[13] Bergin, J. S., J. R. Guerci, R. M. Guerci, and M. Rangaswamy, "MIMO Clutter Discrete Probing For Cognitive Radar," presented at the *IEEE International Radar Conference,* Arlington, VA, 2015.

[14] Guerci, J. R., R. M. Guerci, M. Ranagaswamy, J. S. Bergin, and M. C. Wicks, "CoFAR: Cognitive Fully Adaptive Radar," presented at the *IEEE Radar Conference,* Cincinnati, OH, 2014.

[15] Coutts, S., K. Cuomo, J. McHarg, F. Robey, and D. Weikle, "Distributed Coherent Aperture Measurements for Next Generation BMD Radar," in *Fourth IEEE Workshop on Sensor Array and Multichannel Processing,* 2006, pp. 390–393.

[16] Bliss, D. W., "Coherent MIMO Radar," presented at the *International Waveform Diversity and Design Conference (WDD),* 2010.

[17] Bliss, D. W., and K. W. Forsythe, "Multiple-Input Multiple-Output (MIMO) Radar and Imaging: Degrees of Freedom and Resolution," presented at the Conference Record of the Thirty-Seventh Asilomar Conference on Signals, Systems and Computers, 2003.

[18] Bliss, D. W., K. W. Forsythe, S. K. Davis, et al., "GMTI MIMO Radar," presented at the *International Waveform Diversity and Design Conference,* 2009.

[19] Forsythe, K. W., D. W. Bliss, and G. S. Fawcett, "Multiple-Input Multiple-Output (MIMO) Radar: Performance Issues," in *Conference Record of the Thirty-Eighth Asilomar Conference on Signals, Systems, and Computers,* Vol.1,

2004, pp. 310–315.

[20] Guerci, J. R., R. M. Guerci, M. Ranagaswamy, et al., "CoFAR: Cognitive Fully Adaptive Radar," presented at the *IEEE Radar Conference*, 2014.

[21] Richards, M. A., *Fundamentals of Radar Signal Processing*, New York: McGraw-Hill, 2005.

[22] Skolnik, M. I. (ed.), *Radar Handbook*. New York: McGraw-Hill, 2008.

[23] Van Trees, H. L., *Optimum Array Processing: Part IV of Detection, Estimation, and Modulation Theory*. New York: Wiley Interscience, 2002.

[24] Farina, A., *Antenna-Based Signal Procesing for Radar Systems*, Norwood, MA: Artech House, 1992.

第7章 先进的 MIMO 分析技术

本书提及的所有 MIMO 雷达技术均是为了改善雷达系统在具有挑战性的工作环境中的性能而研发出来的。第5章和第6章所述的技术是专为解决传统单波形系统在实际干扰环境中检测目标时所遇到的难题而研发的,其中实际干扰环境包含高度非平稳、非均匀的地杂波。因此,拥有可用于全面开发和分析这些新兴最优 MIMO 技术的高逼真度建模与仿真工具是非常重要的。此外,由于这些技术实际上需要动态自适应调整波形,因此不可能简单地使用静态的实验数据,甚至是仿真数据来分析算法。这给我们带来了很大的难题。本章描述了一个高逼真度建模雷达杂波环境的综合方法,并展示了这种方法如何成功地应用于分析传统系统以及为支持最优和自适应 MIMO 技术的发展而进行的改进。

7.1 特定场景的仿真背景

由变化的地形、植被以及高密度的地面交通形成的不均匀杂波等实际环境因素会显著降低雷达检测性能,已经证明,GMTI 雷达系统的高逼真度仿真能够有效识别、分析和表征这些实际影响因素。例如,DARPA KASSPER 项目[1]成功应用了信息系统实验室(ISL)开发的针对特定场景的雷达模拟器 RFView[2],生成了高逼真度的特定场景数据集,供大量研究者开发和测试新的雷达信号处理算法。尤其是 KASSPER 挑战数据集被大量的文献广泛采用[3-53]。

首先,我们将描述基本的建模方法,包括使用非常精确的地形和植被数据库支撑高逼真度雷达杂波数据的仿真。典型数据源包括以下几种。

(1) 地形高度信息。1/3 弧秒的美国地质调查局(USGS)国家高程数据库(NED)(约 10m 分辨率)[54]。

(2) 道路与河流。美国人口普查局 TIGER/Line 数据[55]。

(3) 植被类型。美国地质调查局(USGS)国家植被数据库(NLCD)(约 30m 分辨率)[56]。

特定场景的影响是非常明显的,尤其是在山区环境。山地和类似地形产生的不均匀性会影响 STAP 的性能,并影响算法的训练。所以,需要利用针对特定场景的现象学建模来正确捕获这些影响。ISL 开发的 RFView 软件[2]是用来刻画地杂波的现象学建模工具。这个工具已被广泛用于分析系统性能以及 STAP 算法的开发与分析[41-43]。利用该模型可针对特定场景分析信号的传播与散射。对地面散射(即杂波和热杂波)的建模如图 7.1 所示。对于一个给定的场景,发射机产生的信号环境可完全由每个散射信号或杂波块的信号强度、时延、多普勒以及到达角来进行表征。

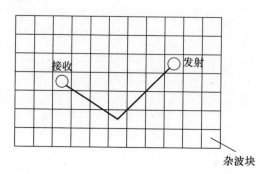

图 7.1　综合仿真法是将整个区域分成大量的小杂波块,然后利用电磁传播和散射模型对发射机与接收机之间的各个杂波块进行表征(© ISL 公司,2018,经授权可使用)

每个杂波块的复散射幅度可使用文献[57]中的实验数据或使用如文献[58]中所述的双尺度粗糙度模型等物理模型进行计算。双尺度粗糙度模型的主要优势是:在频率和几何关系上,其建模的范围要比经验方法广,包括单站和双站几何关系。双尺度粗糙度散射模型[58]是两个截面积项之和:一个表征大尺度的粗糙度(一般大于雷达波长,即准镜面反射);另一个表征小于雷达波长的小尺度的粗糙度(即布拉格散射[58])。对于地形散射,大尺度通常用局部地势坡度表示,而小尺度表示杂波块的局部随机粗糙度。地势坡度可通过地形数据库得到,而粗糙度模型的参数可根据植被数据库导出的植被类型进行设置。我们注意到,这个模型也是杂波块电参数的函数。这些也可利用植被数据进行选择。例如,如果杂波块是水,则可选择适合水类型(即淡水或盐水)的电导率与相对介电常数。

利用合适的射线追踪码计算平台到每个散射块之间的传播,其中包括地形数据库和人造结构模型,如建筑和塔楼。可采用一种简单但计算量较大的技术,即首先获取平台与杂波块之间的地形轮廓,然后利用该轮廓确定是否有视线到达该杂波块。如果有视线,则传播系数设置为 1,否则为零。该模型在较高频率下性能较好。当频率较低时,衍射与多径效应会更明显,此时需要采用更复杂的传播模型[59]。

特定场景的建模,第一步是选择区域中的地理位置。例如,图 7.2 展示了加利佛尼亚南部的一个场景,属于山区地形。就是这个场景用于前面所述的KASSPER挑战数据集。选择好场景后,就可通过加载所需位置的所有地形和植被数据来计算特定场景的杂波。图7.3展示了使用RFView软件计算的这个场景的地杂波。雷达设置在场景中心,飞行高度在当地地形上空3km处。我们看到,场景中地形明显起伏,所以产生的杂波功率变化很大。针对每个杂波块,除了刻画杂波功率特征以外,还能刻画杂波信号延迟、多普勒和到达角特征。然后,利用这些结果仿真高逼真度的IQ数据样本和空时杂波协方差矩阵,用于分析信号处理技术。

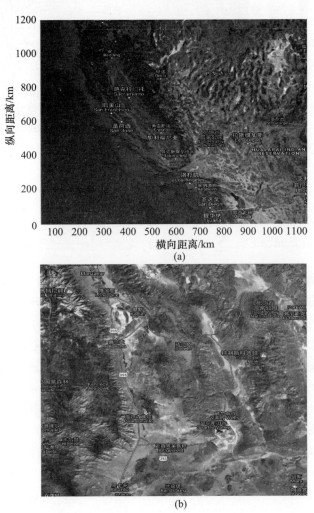

图7.2 特定场景下的雷达分析从选择合适的地理位置开始

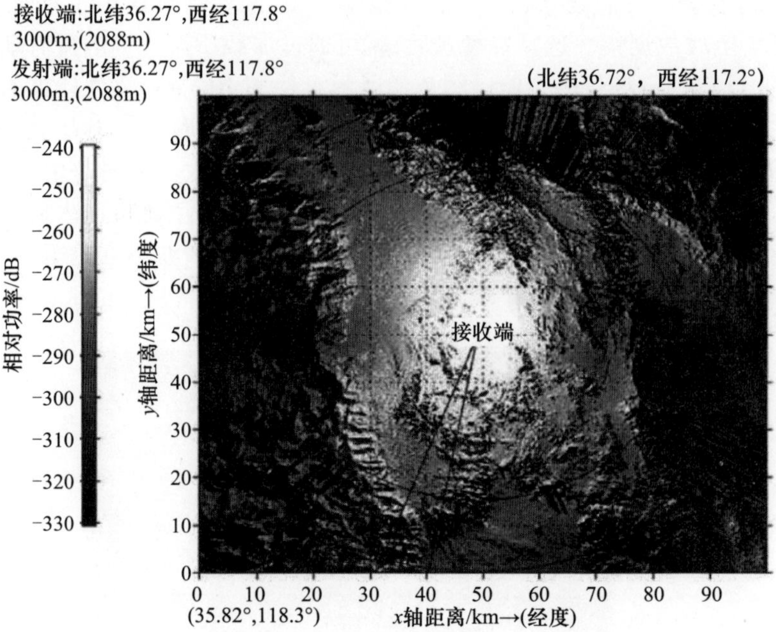
接收端:北纬36.27°,西经117.8°
3000m,(2088m)
发射端:北纬36.27°,西经117.8°
3000m,(2088m)
(北纬36.72°, 西经117.2°)
相对功率/dB
−240
−250
−260
−270
−280
−290
−300
−310
−320
−330
y轴距离/km→(纬度)
接收端
0
10
20
30
40
50
60
70
80
90
(35.82°,118.3°)
x轴距离/km→(经度)

图 7.3　RFView 杂波图。雷达位于场景中心

雷达地杂波信号的常用模型如下所示①:

$$x(k,m,n) = \sum_{p=1}^{P_{cc}} \alpha_{p,m,n} s_n\left(kT_s - \frac{r_{p,m,n}}{c}\right) e^{\frac{j2\pi r_{p,m,n}}{\lambda}} \mu_{p,m,n} \tag{7.1}$$

式中:k 是距离单元序号;m 是脉冲序号;n 是天线序号;$s_n(t)$ 是雷达波形;T_s 是采样间隔;λ 是工作波长;c 是光速;$r_{p,m,n}$ 和 $\alpha_{p,m,n}$ 分别是第 m 个脉冲、第 n 个天线上的第 p 个地杂波块的双程距离和复散射幅度;$\mu_{p,m,n}$ 表示在脉冲和通道维度中根据需要对雷达数据所做的其他随机调制。我们看到,这个模型能得到众所周知的雷达数据立方体或三维数据矩阵。如式(7.1)中所述,数据立方体是一个由距离维×脉冲维×通道维的三维矩阵。波形依赖于通道序号,这使得我们可以使用这个模型来模拟 MIMO 系统。我们注意到,CPI 期间平台运动引起的视角变化或杂波块运动(如风吹草动[60-61])等因素都会造成给定杂波块上的地杂波反射率和收发天线响应发生变化,这些变化带来的影响就包含在因子 $a_{p,m,n}$ 中。其中杂波块自身的运动通常被称为杂波内部运动(ICM)。

通常,我们假设指定杂波块的收发天线响应以及平均地杂波反射率在 CPI

① 感谢 Paul Techau 提供这个表达式以及他在雷达信号模型方面的贡献。

期间都是恒定的,从而可对式(7.1)中给出的一般模型进行简化。于是,该模型就变为

$$x(k,m,n) = \sum_{p=1}^{p_{cc}} \alpha_p s_n\left(kT_s - \frac{r_{p,m,n}}{c}\right) e^{\mathrm{j}2\pi r_{p,m,n}/\lambda} \mu_{p,m} \quad (7.2)$$

式中:α_p 表征各杂波块的复地面反射率以及收发天线方向图(假设整个 CPI 期间是恒定不变的);$\mu_{p,m}$ 是第 p 个杂波块因 ICM 产生的脉内随机调制。$\mu_{p,m}$ 通常假设为高斯分布,其功率谱密度与 ICM 的 Billingsley 谱模型[60]一致($\mu_{p,m}$ 的具体计算方法见文献[61])。式(7.2)的优势在于,CPI 期间不需要针对每个脉冲(平台位置)重复计算地杂波反射率。因为 ICM 等因素引起的调制通常比因视角变化(即闪烁)引起的调制更显著,因此该简化模型仍具有较高的逼真度。此外,值得注意的是,该模型公式中还包含了 CPI 期间由于平台运动引起的散射体距离和多普勒走动效应,对于长 CPI 情况来说,这是非常重要的效应。虽然很容易在公式中考虑这些影响因素,但这意味着需要更多的计算资源来仿真数据。α_p 服从复高斯分布,均值为零,方差等于基于上述散射模型计算得出的各杂波块的平均散射功率。然而,下文中我们将会讲述,仿真得到的雷达信号的分布类型会明显偏离高斯分布,且与地形类型有关。这个模型已被广泛用于高逼真度仿真机载雷达杂波数据。图 3.14 给出了一个典型示例。更多的例子将在本章后文中展示。

我们也常常希望有一个准确的杂波协方差矩阵模型。典型的单基地雷达杂波环境可用大量的平稳散射体近似。如果我们忽略距离旁瓣的影响,那么,对应指定距离单元 r_0 中杂波回波的散射体将处于一个内径为 $r_0 - \Delta r/2$ 且外径为 $r_0 + \Delta r/2$ 的环中,其中,Δr 是雷达距离分辨率。

我们假设,雷达有 N 个阵元和 M 个脉冲。指定距离单元的散射能量是该距离单元中所有散射体散射能量之和。如上所述,它可以由大量的单个散射体来近似。这些散射体可通过到平台的距离、到达角、散射幅度以及多普勒频移等特征来描述。这些散射体可能是地面块(即面散射体)或诸如杂波离散点的点散射体。指定距离单元的杂波是所有这些散射体的总和,因此,第 k 个距离单元的杂波样本可表达为

$$\boldsymbol{x}_k = \sum_{p=1}^{p_{cc}} \alpha_p \boldsymbol{v}(\theta_p, f_p) \in \mathbb{C}^{MN} \quad (7.3)$$

式中:$\boldsymbol{v}(\theta_p, f_p)$ 是到达角 θ_p 与多普勒 f_p 对应的空时导向向量;p_{cc} 是第 k 个距离单元中的散射体数量。如果是面散射,那么,α_p 是复独立高斯随机变量,其方差等于 RFView 软件预测的功率。在这里我们忽略非零带宽对阵列响应的影响。

空时导向向量具有如下形式：

$$v(\theta_p, f_p) = b(f_p) \otimes a(\theta_p) \tag{7.4}$$

式中：$\otimes$ 表示 Kronecker 或张量矩阵积；$a(\theta_p)$ 是到达角 θ_p 对应的阵列响应；$b(f_p)$ 是多普勒频率 f_p 对应的时域导向向量。这些向量可以用下式表示：

$$\begin{aligned} a(\theta_p) &= [\,1 \quad e^{j\phi(\theta_p)} \quad \cdots \quad e^{j(N-1)\phi(\theta_p)}\,]' \\ b(f_p) &= [\,1 \quad e^{j2\pi f_p T_r} \quad \cdots \quad e^{j(M-1)2\pi f_p T_r}\,]' \end{aligned} \tag{7.5}$$

其中，我们假设了一个均匀线阵，$\phi(\theta_p)$ 是到达角 θ_p 的信号相对于#1 阵元的相移，T_r 是 PRI(等于 PRF 的倒数)。因此，每个距离样本 x_k 是一个由 M 个脉冲、每个脉冲 N 个天线阵元快拍构成的 $NM \times 1$ 维向量。

理想的地杂波协方差矩阵可由 $E\{x_k x_k'\}$ 进行计算[62]，如下所示：

$$R_{cc} = \sum_{p=1}^{p_{cc}} |\alpha_p|^2 v(\theta_p, f_p) v'(\theta_p, f_p) \tag{7.6}$$

式中：" ' "是厄米特转置算子。该协方差模型可用于分析 MIMO 系统，只需将 $v(\theta_p, f_p)$ 替换成第 3 章中所述的 MIMO 版本。我们注意到，可扩充该协方差模型以包含快时间(距离)自由度，从而可用于支持杂波与地形散射干扰(TSI)联合抑制的分析[62]。

式(7.2)中的信号模型和式(7.6)中的协方差模型代表了具有广泛适用性的基本仿真功能。当需要考虑其他重要因素时，可随时扩充这些模型，进而支持更先进的分析。比如，文献[61]阐述了一种将风吹草动引起的 ICM 所产生的损失合并计入的方法。文献[63-64]则阐述了另一种分析方法，该方法利用这些模型分析杂波训练数据中含有地面目标信号时所带来的影响。这些模型还可以用来仿真双基地系统，此外，结合适当的天线模型，还可以用来建模具有极化感知天线的系统。天线校准以及收发通道误差经过适当修正后也可纳入该天线模型中。例如，天线位置误差经过简单修正各天线的 $d_{p,m,n}$ 值以后即可用式(7.2)进行建模。

虽然本章大部分结论侧重于利用仿真工具来分析常规的窄带 GMTI 雷达，但我们注意到，这个模型已经被用于仿真宽带系统，包括 SAR 系统。SAR 与 GMTI 之间信号层面的主要差异是雷达 CPI 期间距离走动的显著程度。由于式(7.1)允许每个脉冲有各自不同的时延，因此该模型可捕获这些影响，并产生逼真的 SAR 数据。例如，图 7.4 展示了一个仿真的 SAR 数据集，其中包含两辆坦克目标，每个目标都由大量的点散射体组成。在这个案例中，式(7.1)中的各杂波 α_p 被该目标模型的复散射所代替。针对其中一个目标的中心点，SAR 处理算法对 CPI 期间的雷达运动进行补偿。远离这个中心点的散射体由于没有得到运动补偿而变得模糊不清。所以,我们看到一个目标被聚焦了,而另一个目标却是模糊不清。这个数据集突出地展示了仿真数据的逼真程度。

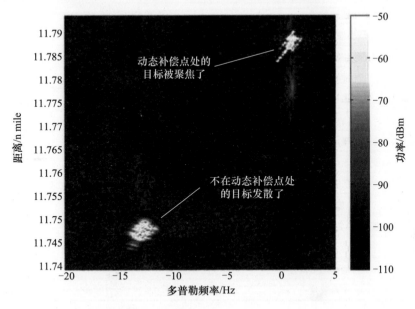

图 7.4　两个简易坦克模型的 SAR 仿真数据(针对右上角的目标数据进行了运动补偿)

7.2　自适应雷达仿真结果

我们通过展示 KASSPER 数据集 2 的一些重要的处理结果[65],强调特定场景法的重要性。这些结果已经在文献[66]中进行了展示。图 7.5 的表中列举了系统参数。这个数据集仿真了一部 X 波段雷达,并包括基于 DTED 1 级计算得到的特定场景下的杂波,因此该数据集代表了一个一般的非均匀杂波环境。仿真系统包含 38 个脉冲和 12 条空间通道。关于数据集和系统参数的更多详细信息可以参阅文献[65]。

图 7.6 给出了多单元(三个相邻的单元)后多普勒通道空间 STAP 滤波器权向量的 SINR 损失[67],其中权向量的计算利用了每个距离单元中的理想协方差矩阵。SINR 损失是指该 SINR 与噪声环境中观测到的 SNR 的比值[67]。因为天线指向偏离正侧面,所以主瓣杂波凹口对应的双程多普勒为 -12m/s。我们发现,地形引起的非均匀性使得主瓣杂波凹口宽度变化明显。因为杂波被地形遮挡,所以在某些距离处没有损失。

参数	值
载波频率	1240MHz
带宽	10MHz
脉冲数量	32
最小距离（单程）	35000m
最大距离（单程）	50000m
脉冲重复频率	1984Hz
峰值功率	15kW
占空比	10%
噪声系数	5dB
系统损失	9dB
天线	垂直8×水平11 宽波束阵元
偏航角	3°
前后比（双路）（定向天线的方向性比）	25dB
平台方位航向	270°
平台局部地形高度	3000m
平台速度	100m/s

图 7.5　KASSPER 数据集 2 的参数

图 7.6 还展示了基于样本矩阵求逆（SMI）的多单元后多普勒通道空间降自由度 STAP 算法的 SINR 损失。由于采用了 3 个多普勒单元，因此自适应自由度的数量是 24。在这种情况下，使用了包含 360 个样本（5.4km）的相对较大的训

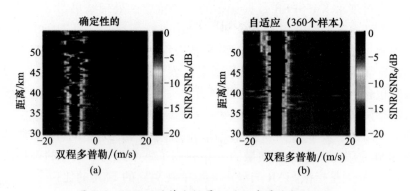

图 7.6　经处理的特定场景下的仿真雷达数据示例
（© 2004IEEE。经同意复印，转载自《2004 年 IEEE 雷达会议集》）
（a）理想杂波滤波器；（b）自适应杂波滤波器。

练窗来估计样本协方差矩阵。可以看到,在理想协方差情况下,通过平均处理,降低了杂波凹口的变化程度,而且一般来说,整个距离维度上的凹口宽度变宽了。对比图7.6的两个结果,可得出结论,局部化的处理策略通常会提高低径向速度目标的检测灵敏度,因而获得较低的系统MDV。

显然,特定场景中地形的影响对于本例来说是非常明显的。针对光秃地面假设的仿真就有可能得出关于雷达性能的不同结论,也会导致STAP训练算法在实际应用中失效。特定场景分析法最有趣的一点就是,它可以用来分析任何地点的性能,并帮助雷达设计师理解杂波场景的变化是如何影响雷达性能的。接下来,除了通过展示不同地理位置的多个杂波仿真案例来继续强调特定场景分析方法的这种能力以外,还会阐述杂波统计特性在不同地理位置是如何显著变化的。

7.3 特定场景的杂波易变性与统计特性

在美国大陆选取了涵盖不同地形的9个仿真场景,这些场景的地理位置如图7.7所示。仿真时采用了来自美国地质调查局(USGS)国家高程数据库(NED)的高分辨率(10m网格间距)地形数据。各地理位置的地形如图7.8所示,图中每幅子图上的区域编号对应图7.7中所示的场景编号。表7.1列出了各场景的地形高度标准差。

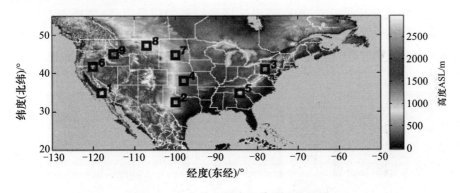

图7.7　9个特定仿真场景的具体位置

表7.1　每个仿真场景下估计的地形高度标准差

场景编号	1	2	3	4	5	6	7	8	9
标准差	28.7	5.0	57.2	8.1	41.0	162.5	15.3	17.2	308.3

针对每个场景,利用ISL公司的RFView模型计算特定场景下的杂波图。在每种情况中,雷达平台都位于场景东边,距场景中心的地面距离约为50km。雷

达高度为10km,朝向正北,速度150m/s,工作频率10GHz。

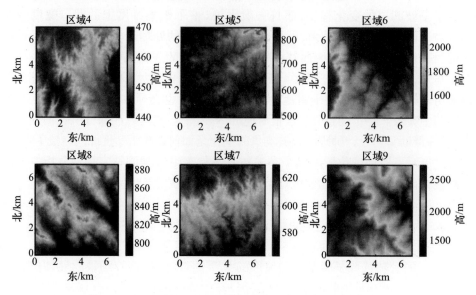

图7.8　图7.7所示的9个特定区域仿真场景的地形高度图

图7.9给出了各场景的仿真杂波图。杂波块大小为5m×5m。我们看到,9个场景中仿真的杂波大不相同。如预期所料,对于相对平坦地形的场景,产生的杂波图在场景上几乎没有变化,而山区场景得到的结果中,杂波功率变化明显,甚至还有深影区。下面我们还会看到,相对于平坦地形场景的杂波分布类型,粗糙地形场景下其杂波功率的变化将会导致其杂波分布类型具有重拖尾。

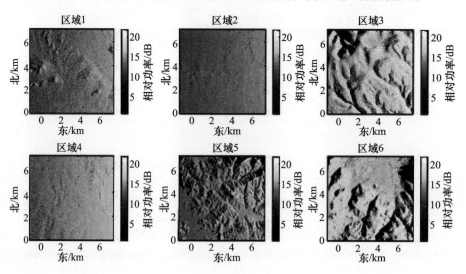

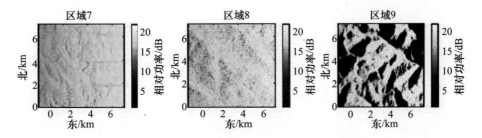

图 7.9 图 7.7 所示场景的 RFView 杂波图

杂波块按序分成雷达距离-多普勒-方位分辨率单元,从而形成雷达数据立方体。各仿真场景的某个方位角度的距离-多普勒杂波图如图 7.10 所示。距离分辨率假设为 15m(10MHz 带宽),方位分辨率假设为 1°(1.7m 天线孔径),多普勒分辨率假设为 1m/s(30ms 相干处理间隔)。首先找出给定分辨单元内的所有杂波块,然后基于地面杂波 RCS 模型,利用 RFView 软件预测这些杂波块的功率,并将它们相加,形成雷达数据立方体。值得注意的是,在本分析中,描述数据立方体特征时采用的是基于特定场景下杂波模型预测的功率之和,而非下文所讨论的复电压之和。我们注意到,当随机电压取自独立分布样本时,雷达数据立方体的这种表示,与通过对各个杂波块的随机复电压进行排序而仿真得到的数据立方体的总平均功率是一致的。下面我们将阐述功率之和可用于推导杂波的分布类型。

如上所述,特定场景的仿真通常假设每个杂波块都服从某个特定分布类型,在仿真获取复散射电压样本时需要用到该分布类型。通常假设每个杂波块的电压服从零均值复高斯分布,其方差等于 RFView 等特定场景模型预测出来的散射功率。我们关注的是推导得出的随机数集合的分布类型。为此,我们首先对表征杂波块电压数据集的随机变量的累积分布函数(CDF)进行了定义,即

$$F_Z(z) = \text{Prob}(Z < z) \tag{7.7}$$

式中:算子 Prob(·)表示括号内事件发生的概率。该概率的计算方式是,对于一个给定的 z,将集合中满足 $Z<z$ 的所有元素的概率加起来即为所求概率,计算式如下:

$$F_Z(z) = \sum_{p=1}^{P} \rho_p \text{Prob}(Z_p < z) = \sum_{p=1}^{P} \rho_p F_{Z_p}(z) \tag{7.8}$$

式中:P 是杂波块总数;ρ_p 是抽取第 p 个元素的概率;$F_{Z_p}(z)$ 是集合中第 p 个元素的 CDF。式(7.8)对 z 求导数就可轻松得到 Z 的概率密度函数,计算式如下:

$$f_Z(z) = \sum_{p=1}^{P} \rho_p f_{Z_p}(z) \tag{7.9}$$

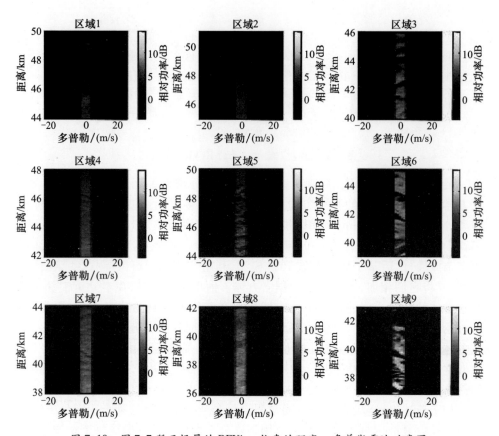

图 7.10 图 7.7 所示场景的 RFView 仿真的距离 – 多普勒雷达功率图

式中:$f_{Z_p}(z)$是第 p 个杂波块的概率密度函数。如上所述,假设杂波块的概率密度是以杂波块功率为条件的独立零均值复高斯分布①。因此,杂波块服从方差为 σ_p^2 的独立零均值条件复高斯分布,其中 σ_p^2 是用特定场景杂波模型预测的第 p 个杂波块的功率。对于雷达性能预测来说,由于通常会计算幅度或功率门限检测器输出的虚警率,所以我们重点阐述杂波块的幅度分布,在这种情况下杂波块幅度分布是条件瑞利分布[68],如下所示:

$$f_{Z_p \mid \sigma_p}(z \mid \sigma_p) = \frac{2z}{\sigma_p^2} e^{-z^2/\sigma_p^2} \tag{7.10}$$

式中:$\alpha \mid \beta$ 符号表示以 β 值为条件的 α 的 pdf,而且我们注意到,$z<0$ 时,该密度函数等于 0。现在,如果我们以等概率(即 $\rho_p = 1/P$)方式抽取杂波块,那么,杂

---

① 感谢 Paul Techau 对杂波分布所做的解释。

波块幅度集合的分布如下[①]:

$$f_{Z|\sigma_1,\sigma_2,\cdots,\sigma_p}(z|\sigma_1,\sigma_2,\cdots,\sigma_p) = \frac{1}{P}\sum_{p=1}^{P}\frac{2z}{\sigma_p^2}e^{-z^2/\sigma_p^2} \quad (7.11)$$

再次提醒,$z<0$ 时,该密度函数等于 0。文献[69]采用了类似的表达式来分析 SAR 图像直方图的分布。如果把杂波块功率(σ_p)视为随机变量,那么,针对各种场景,利用特定场景模型,就可采用一种方法确定这些杂波块功率的联合概率密度函数,然后通过对 σ_p 的所有可能值进行积分,就可计算出杂波块的边缘密度函数 $f_Z(z)$。计算如下:

$$f_z(Z) = \int_{-\infty}^{\infty}\int_{-\infty}^{\infty}\cdots\int_{-\infty}^{\infty} f_{Z|\sigma_1,\sigma_2,\cdots,\sigma_p}(z|\sigma_1,\sigma_2,\cdots,\sigma_p)$$
$$f_{\Sigma_1,\Sigma_2,\cdots,\Sigma_p}(\sigma_1,\sigma_2,\cdots,\sigma_p)\mathrm{d}\sigma_1,\sigma_2,\cdots,\sigma_p \quad (7.12)$$

但是,我们这里采用的方法是,利用给定场景的杂波块功率计算结果,结合式(7.11)计算特定场景下的精确的杂波密度。因为我们的最终目的是分析特定场景下的雷达性能,因此有效的做法是利用以所关注场景的相关信息(在这种情况下是指杂波块功率)为条件的概率密度函数。

式(7.11)的结果给出了原始杂波块的概率密度(图 7.9)。但是,我们最终的目的是要确定雷达所观测的杂波的概率密度。所以,我们要推导雷达分辨单元输出数据集合的概率密度,其中输出数据集合用随机变量 Y 表示。为了简单起见,假设一个理想的雷达,该雷达只是简单地对给定雷达分辨单元中所有杂波块的贡献进行求和。上述杂波模型为每个杂波块分配了一个随机的零均值复高斯电压值,因此基于这种杂波模型,雷达分辨单元的输出也将服从零均值高斯分布(以特定场景杂波块功率为条件),因为它正好就是大量独立高斯随机变量之和。该输出的方差就是输入杂波块的方差之和,或者是各杂波块的功率之和。所以,我们看到,数据立方体的仿真(即对每个单元中的所有杂波块的功率进行求和)可用来获取表征各单元杂波分布的参数。根据这个观点,采用与上文相同的方法,可得雷达分辨单元集合的条件概率密度函数如下:

$$f_{Y|r_1,r_2,\cdots,r_{N_c}}(y|r_1,r_2,\cdots,r_{N_c}) = \frac{1}{N_c}\sum_{n=1}^{N_c}\frac{2y}{r_n}e^{-y^2/r_n} \quad (7.13)$$

式中:r_n 是第 n 个雷达分辨单元中各杂波块功率之和;N_c 是被分析的分辨单元总数。我们看到,这个分布在形式上与式(7.11)中的原始杂波块的分布是相同的。同时,我们还注意到,因为参数 r_n 是杂波块功率的函数,所以式(7.13)中的密度函数也是以参数 σ_p 为条件的。

[①] 感谢 Christopher Teixeira 博士与 Paul Techau 博士最初提出的这个解决方案。

图 7.11 给出了基于式(7.11)计算得到的上述每个场景的原始杂波块的分

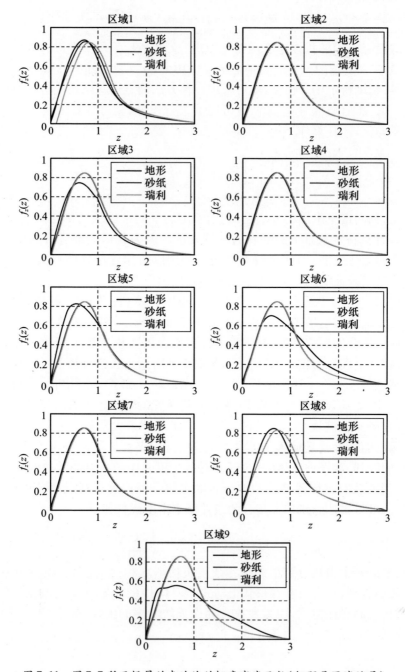

图 7.11 图 7.7 所示场景的杂波块的概率密度函数(标题是区域编号)

布。为了便于对比所得分布与基本的瑞利分布,生成了"砂纸地球"①(即给定场景集合中的所有地形值等于图7.9所示相应地形图的均值)的杂波图。然后,对基于地形和基于"砂纸地球"这两种情况下得到的杂波图都用"砂纸地球"中杂波块的平均功率值进行归一化处理。所以,对于"砂纸地球"的情况,如果杂波块功率都相等,那么,式(7.11)得出的最终分布将是参数为1的瑞利分布。所以,我们预计"砂纸地球"情况下的分布应当近似等于瑞利分布,且因为斜距与擦地角均存在较小差异,使得场景中杂波块功率也有微小变化,进而导致两种分布之间会有轻微差别。

图7.11中的分布曲线揭示了这样的预期结果,一方面,"砂纸地球"模型得到的杂波分布几乎与瑞利相同,越平滑的地形场景,所产生的杂波分布也越接近瑞利分布;另一方面,粗糙的地形会导致得到的分布明显偏离瑞利模型(我们注意到,本文区分光滑地形与粗糙地形是基于实际地形与生成杂波图之间的差异而作的定性评估)。一般来说,这些分布的拖尾比瑞利分布更重,而这将会导致更高的雷达虚警率。图7.12在分贝(dB)尺度上重新显示了图7.11中的分布曲线,这有助于观察粗糙地形情况下的重拖尾。

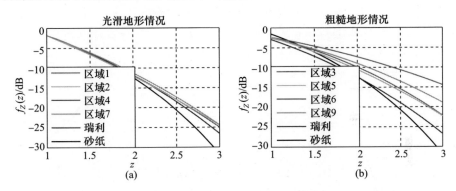

图7.12 在分贝尺度下绘制的原始杂波块的杂波分布曲线图
(a)光滑地形情况;(b)粗糙地形情况。

对于图7.10所示的距离-多普勒雷达杂波图,我们也利用式(7.13)计算雷达数据的分布类型。与原始杂波块一样,我们也计算了"砂纸地球"杂波模型的分布,也作了同样的归一化处理,从而使得当所有分辨单元中的杂波功率都相等时,其分布就等于瑞利分布。计算时,仅涉及非零分辨单元(即忽略受地形阴影遮挡的雷达分辨单元或所关注方位波束以外的多普勒单元中的雷达分辨单元)。图7.13给出了线性尺度下的分布曲线,而图7.14给出了dB尺度下的分

---

① sandpaper Earth:直译为"砂纸地球",意译为"平均地形",文中采用直译。

布曲线,以此突出粗糙地形情况下的重拖尾。我们看到了与利用原始杂波块进行计算时得到的结果类似的结果,不过此处粗糙地形情况下偏离瑞利分布的程度更大一些。我们还注意到,在图 7.13 中大约 $y=0.05$ 的地方,仿真 9 对应的曲线出现了明显的不连续,这是绘制曲线时的人为间隔,这些曲线实际上很光滑,在所有 $y>0$ 区间上都是可积的。

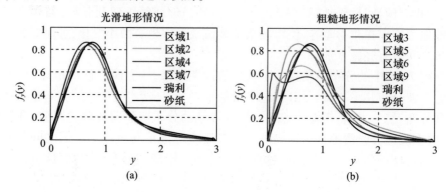

图 7.13 在线性尺度下绘制的雷达数据的杂波分布曲线图(方位角为 270°)
(a)光滑地形情况;(b)粗糙地形情况。

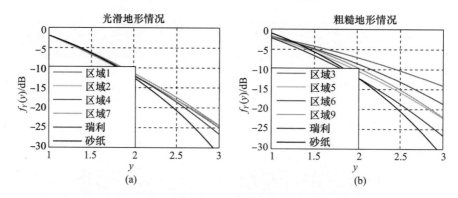

图 7.14 在分贝尺度下绘制的雷达数据的杂波分布曲线图(方位角为 270°)
(a)光滑地形情况;(b)粗糙地形情况。

7.4 最优波形分析

本章前面各节阐述了如何利用特定场景仿真来生成用于雷达分析的高逼真度数据,其最终目的是利用它们进行最优 MIMO 技术的研发。我们将在本节通过举例说明这些工具如何用来分析自适应发射机的性能[70-73]。自适应发射机是一种波形优化技术,该技术可以根据对有意和/或无意干扰源形成的动态环境的观测来自适应调整部分或所有的雷达发射自由度。本例中,当发射能量从山岳等地形特征散射出去并进入天线主瓣从而形成地形散射干扰时,我们会自适应调整发射波形来改善雷达对这种干扰的抑制性能。这种现象有时称为热杂波,而这种场景最早出现在文献[74]中。

所考虑的仿真场景如图7.15所示。这个场景包括一台位于山顶的静止干扰机(发射机Tx)和一部以150m/s的速度向东移动的机载雷达(接收机Rx)。仿真的雷达系统是接收机带宽为1MHz的UHF雷达。仿真的天线波束方向图与地面的交叉横截面如图7.15所示。图7.16展示了仿真的由干扰引起的TSI(地形散射干扰),该TSI包括全向天线和真实的仿真天线方向图两种情况下的TSI。我们看到,尽管干扰在雷达主瓣之外,但由于地形原因,还是存在明显的主瓣干扰能量。这些杂波图是用ISL公司的RFView软件生成的,该软件采用的正是上面所讨论的仿真方法。我们注意到,此例中仿真的是双基地几何关系下的杂波。

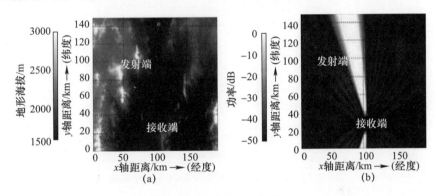

图7.15 地形散射干扰场景
(a)带有发射端("Tx")和接收端("Rx")位置的地形图;(b)接收天线方向图。

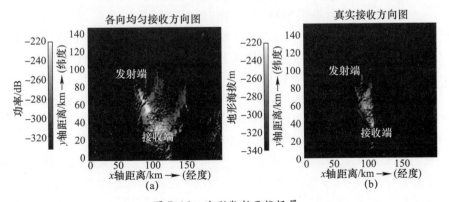

图7.16 地形散射干扰场景
(a)地形散射干扰(全向接收天线方向图);(b)真实的仿真接收天线方向图的地形散射干扰。

该仿真假设直达路径的干噪比为60dB,这是基于20dB的雷达天线增益、5dB的干扰发射增益、100W的干扰发射功率、5dB的雷达接收机噪声系数和290K的噪声温度等系统参数得出的。仿真中考虑到阵列指向,假设干扰直达路径的信号相对于TSI并不显著。在雷达处观测到的时域干扰协方差矩阵可利用文献[62]中的方法进行仿真计算,这里为100个时域采样计算了协方差矩阵,其中采样间隔是系统带宽的倒数。干扰协方差矩阵的特征值如图7.17所示。我们看到干扰信号特征值的功率扩散范围很大。这一点很重要,因为根据自适应发射机原理,任意波形下的自适应发射机的最大增益受限于干扰特征值的功率扩散范围[73,75]。因此,根据图7.17所示的特征值,通过自适应调整发射波形,有可能显著提升系统的灵敏度。

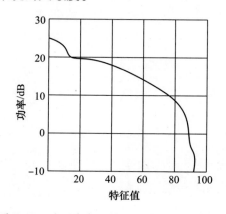

图7.17 地形散射干扰协方差矩阵的特征值

如第5章所述,自适应发射机原理表明,能优化输出SINR的波形就是干扰协方差函数最小特征值对应的特征函数(对于离散时间分析来说,就是特征向量)[71]。尽管最优波形能使SINR最大化,但得到的往往是在雷达系统中不实用的波形,因为在优化过程中丢失了低距离旁瓣和高距离分辨率等重要特性。文献[72]给出了一种能同时考虑SINR和期望雷达波形的波形优化方法。该技术利用了指定数量的、与最小特征值对应的干扰特征向量,而不是一个特征向量。这样就放宽了优化问题,并为在最小二乘意义上使波形匹配于期望波形(如传统LFM波形)提供了所需的自由度。通过这种方式,再借助新的优化技术,我们就可以用SINR换取更理想的波形特性。

我们将采用文献[72]中提出的两个指标来表征自适应发射机的性能增益。第一个指标是:在匹配于输入波形的标准接收机滤波器的输出处,自适应发射波形的SINR与传统LFM波形的SINR的比值。我们把这个指标表示为$SINR_0/SINR_{LFM}$。第二个指标也是同样的比值,只是它计算的是二者在最优接收机白化滤波器输出处的比值[75]。这个指标表示为$SINR_{0w}/SINR_{LFMw}$。图 7.18 给出了上述场景中这两个指标与优化过程中所用特征值数量的关系曲线。我们可以看到,白化滤波器输出处的性能增益小于标准匹配滤波器输出处的性能增益,这是预料之中的,因为众所周知,"只收"白化滤波器可以改善热杂波的 $SINR^{[62]}$。我们还发现,如果优化时使用了大量的干扰特征值,那么,自适应发射机的增益会下降。这也是预料之中的,因为使用了更多的特征向量,使得发射信号与干扰之间的相关性增加了,进而导致 SINR 下降。

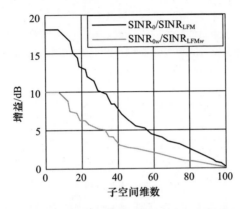

图 7.18　自适应发射波形相对于传统 LFM 波形的性能增益

图 7.19 展示了优化过程中使用不同数量特征向量得到的压缩波形。我们看到,随着特征向量数的增加,距离分辨率和距离旁瓣水平整体逐渐改善,并且所得波形也能更好地匹配于期望的 LFM 波形。图中也展示了有和没有接收机白化滤波器这两种情况下的结果。可以看出,白化滤波器会对距离旁瓣水平产生负面影响。为了进行比较,图中也展示了有接收机白化滤波器的 LFM 波形。提供该结果是为了说明使用"只收"处理(即发射端没有自适应性)仍然会导致雷达波形的显著恶化。

该仿真示例阐述了,在可以获得准确的干扰环境模型的情况下,如何利用先进的波形优化技术来改善系统性能。在这种情况下,结合高逼真度的地形散射干扰,我们能够利用有色干扰谱开发出波形,而且这些波形的性能比那些没有利用任何有关雷达工作环境详细知识而设计出来的波形要好得多。在实践中,我们希望雷达能够根据观测到的干扰统计特性或第 6 章讨论的通道模型进行在线自适应波形调整。为此,我们将在下文中阐述,需要这样一种仿真方法,即在算法开发与测试阶段,该方法能将本章所讨论的特定场景仿真工具与波形优化算法一起结合在循环过程中。

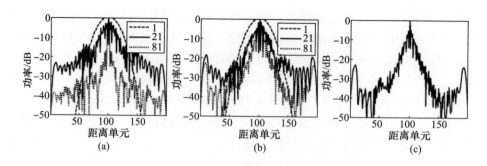

图 7.19 压缩波形示意图

(a)接收端无白化滤波器的自适应发射波形；(b)接收端有白化滤波器的
自适应发射波形；(c)接收端有白化滤波器的 LFM 波形。

7.5 最优 MIMO 雷达分析

第 5 章和第 6 章介绍了对复杂环境进行感知、学习和自适应(SLA)的最优 MIMO 技术。通常，这些技术代表了一类全自适应的解决方案，能够联合优化自适应发射与接收功能[76-79]。面向机载雷达 STAP 的复杂地杂波的建模和估计目前仍是一个难题，而如果要联合优化发射与接收功能，这个难题就更加复杂。其原因是：上面讨论的常用杂波协方差建模方法一般都是空时发射信号的非线性函数。然而，针对特定场景的高逼真度仿真对于预测实际性能来说是至关重要的，当需要用仿真代替实际飞行测试时更是如此。

如本章前文所述，只有高逼真度的仿真才能有利于开展有意义的最优波形分析，而这种高逼真度仿真牵涉到基于地形和植被模型的非常复杂的电磁传播与散射计算。通常需要花费几个小时才能生成仿真数据，因此，当测试系统要求不断变化波形，需要快速更新仿真或实验测试数据时，为这样的测试系统生成数据就变得不切实际了。

所以，用于测试最优 MIMO 算法的仿真环境必须要做到可多次更新仿真的 IQ 数据。这一点的确与"只收"自适应系统①不同，在"只收"自适应系统中，只需仿真一次数据，并用这些数据测试各种不同的算法。本章前面讨论的 KASSPER 挑战数据集就是一个很好的例证。幸运的是，在很多情况下，即使正在更新最优波形，基本场景或通道也不会快速改变。我们将证明可以利用这一点开发高效率的仿真。

---

① "只收"自适应系统指的是仅在接收端有自适应能力的系统。

文献[80]提出了一种新的依赖于信号的杂波建模方法。与传统的依赖于信号的随机模型不同,根据基本的物理散射模型,该文献提出了一种新的MIMO随机传递函数法,即格林函数法。这种新方法的主要优势是:传递函数是独立于信号的(即独立于发射信号)——尽管输出(接收)形成的杂波必然与所选择的输入(发射函数)有关。该方法极大地方便了发射空时波形与接收机功能的联合优化——对于传统方法来说,除了最简单的杂波模型以外,该优化问题一般来说都是非线性的[80-81]。它极大地促进了具有自适应发射功能的最优MIMO雷达的高效建模与仿真。下面我们将阐述如何按照文献[82]中给出的方法,用格林函数法仿真高逼真度的雷达。

对于空时GMTI(或AMTI)地杂波信号建模问题,一种通用的数值方法是黎曼和近似法,该方法类似于本章前面介绍的方法,如下所示:

$$\boldsymbol{x}_c(t) = \sum_{p=1}^{N_p} \alpha_p \tilde{\boldsymbol{w}}_p(t) \tag{7.14}$$

式中:α_p和$\tilde{\boldsymbol{w}}_p(t)$分别是场景中第$p$个杂波块的复幅度和空时雷达波形(经过适当的延迟与多普勒频移)。$\boldsymbol{x}_c(t)$和$\tilde{\boldsymbol{w}}_p(t)$都是空时向量,其维数等于空域通道数与雷达脉冲数的乘积。式(7.14)只是式(7.2)中信号模型的向量表示形式,目的是为了便于下面的分析。为了仿真杂波数据$\boldsymbol{x}_c(t)$,通常要对N_p(可达数百万)个杂波块进行求和。因此,对于最优MIMO雷达分析来说,计算量问题就变得更加严重了,因为每次对发射波形和接收波束形成权向量进行优化之后,估计新的波形时,都要重新计算一次上述的求和公式。

换种方式,我们将杂波信号建模为如下的和式:

$$\boldsymbol{x}_c(t) = \sum_{p=1}^{N_p} \boldsymbol{w}(t) * \underline{\boldsymbol{H}}_p(t) \tag{7.15}$$

式中:$\underline{\boldsymbol{H}}_p(t)$中的每个元素包含了杂波通道响应或单个雷达通道和脉冲的格林函数;算子"$*$"表示逐元素的线性卷积运算。在这种情况下,雷达波形$\boldsymbol{w}(t)$可以从和式中分离出来,如下所示:

$$\boldsymbol{x}_c(t) = \sum_{p=1}^{N_p} \boldsymbol{w}(t) * \underline{\boldsymbol{H}}_p(t) = \boldsymbol{w}(t) * \sum_{p=1}^{N_p} \underline{\boldsymbol{H}}_p(t) = \boldsymbol{w}(t) * \underline{\boldsymbol{H}}_c(t)$$
$$\tag{7.16}$$

这样我们只需计算一次和式就可以获得杂波通道,而且,无论什么时候更新$\boldsymbol{w}(t)$,都可以利用计算复杂度低得多的杂波通道与新波形的卷积运算高效地计算$\boldsymbol{x}_c(t)$。我们注意到,这个公式忽略了单个脉冲期间的高阶多普勒效应(如时间膨胀),这一点跟大多数实际地基与机载脉冲多普勒雷达系统中的做法是一样的。

杂波通道矩阵依赖于特定场景的杂波传播与散射以及发射与接收硬件的性质。尽管我们的方法能够支持雷达发射与接收链路的任何带限模型,我们依然假设雷达具有理想的(如矩形形状)发射机和接收机频率响应。对于单个天线和脉冲来说,来自杂波块的接收信号是雷达波形、发射机通道响应、杂波块响应以及接收机通道响应的函数,如下所示:

$$x_c(t) = w(t) * h_t(t) * h_s(t) * h_r(t)$$

式中:$w(t)$是用于探测通道的雷达波形;$h_t(t)$是发射机通道响应;$h_s(t)$是杂波块的响应;$h_r(t)$是雷达接收机的响应;*是卷积算子。为了计算杂波通道(冲激响应),首先假设雷达波形$w(t)$是一个理想冲激函数。在这种情况下,$x_c(t) = h_c(t)$表示杂波通道响应或格林函数。我们还要假设$h_t(t) = h_r(t)$,并且相对于雷达带宽,杂波块响应的频带要宽些,所以也可建模成一个理想的冲激响应。基于这些假设,杂波通道响应等于雷达接收机的响应,可以表示为如下傅里叶逆变换的形式:

$$h_c(t) = h_r(t) = \int_{-B/2}^{B/2} k e^{j2\pi ft} df = Bk \cdot \mathrm{sinc}(\pi Bt)$$

式中:B是系统带宽;k是杂波块、接收机和发射机通道的复幅度的乘积,是一个常数。这些幅度是根据假设的雷达增益和噪声系数以及因地形及杂波块属性(植被类型)形成的复杂传播环境计算的。杂波的这种冲激响应模型的优点是:它可以用来确定任何有限能量带限发射波形的输入-输出响应。通过这种方式,就可以产生一种能够在线改变波形的全自适应雷达。

针对场景中的每个散射体,图7.20展示了有效的格林函数表示法与发射波形回波求和的传统暴力方法之间的等价性。图7.20(a)是利用LFM波形并对场景中每个杂波块的波形响应求和而形成的仿真结果(传统方法)。图7.20(b)是格林函数与LFM的卷积,其与第一张图是等价的,仅存在数字上四舍五入的差别。注意:图7.20(a)有一个小的热噪底,而图7.20(b)只有杂波;计算图7.20(a)需要花费几分钟,而计算图7.20(b)只需大约1s。因此,一旦计算出通道,那么,改变波形也不会显著地增加计算成本。

图7.21给出了一个利用通道模型为两种不同类型的波形生成数据的例子。这里,我们使用相同的通道模型为LFM波形和随机相位编码波形生成雷达数据。我们可以清楚地看到,因两种波形的不同而导致处理后雷达数据的差异。特别是,随机相位编码波形呈现出更高的距离旁瓣。与前面的例子一样,一旦通道模型已知,要计算这两个数据集就非常高效;反之,重新计算各新波形假设下的仿真数据就可能非常耗时间。

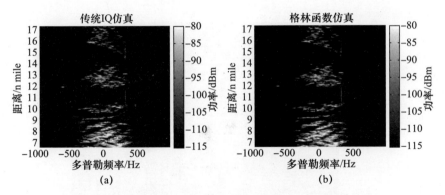

图 7.20 对场景中所有杂波块求和的传统方法得到的 IQ 仿真结果(a)和利用波形与杂波通道格林函数的卷积得到的 IQ 仿真结果(b)
(© 2017IEEE。经同意转载自《2017 年 IEEE 雷达会议集》)

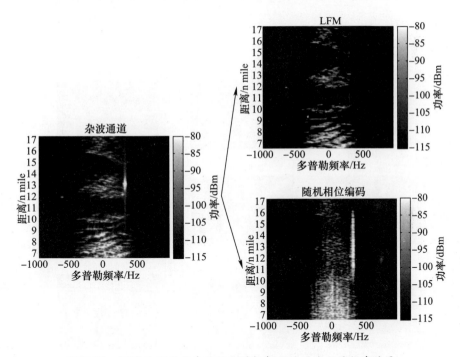

图 7.21 LFM 波形的仿真结果和随机相位编码波形的仿真结果

用于仿真复杂环境的新格林函数法能够支持对最优波形系统进行非常先进的分析。我们用最后一个例子阐述这个能力,这个例子涉及的特定场景是,雷达沿加利福尼亚州南部海岸飞行。这个场景如图 7.22 所示。白色虚线表示机载雷达的航迹。白色点线围成的矩形区域表示雷达监视区域。

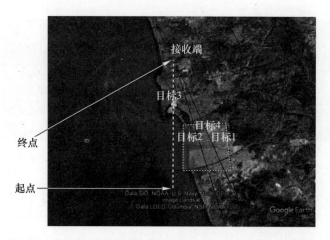

图 7.22　本例的特定场景：雷达沿加利福尼亚州南部海岸飞行

图 7.23 给出了以雷达位置（单位：km）为参数的杂波图。注意：存在明显的空时变化是提升最优发射雷达性能的前提。

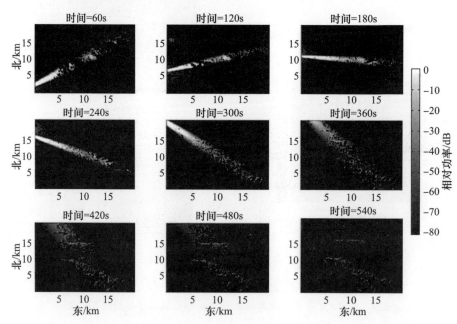

图 7.23　从雷达航迹起点（左上）到终点（右下）的杂波图
（注意，越靠近航迹起点，杂波越强，而越靠近航迹终点，杂波变得越弱越发散）

图 7.24 给出了相应的距离-多普勒图。同样要注意杂波的明显的空时易变性，还要注意在航迹终点附近存在一个强离散散射体。最后，图 7.25 展示了

以距离单元和雷达位置为参数的相对杂波功率。

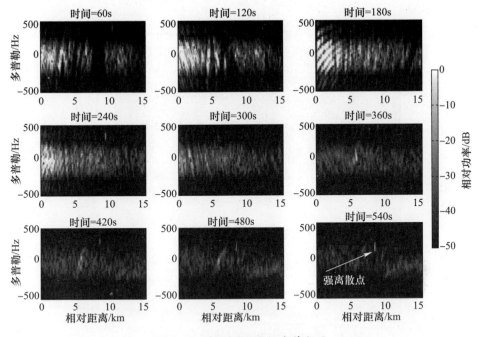

图 7.24 相应的距离-多普勒图

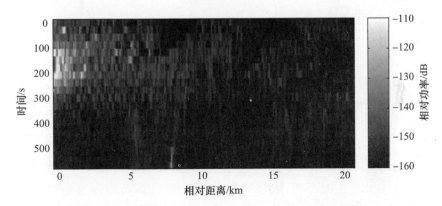

图 7.25 以距离单元和雷达位置为参数的相对杂波功率

借助新的格林函数模型,可以使用通道自适应波形轻松确定可能的性能增益。如果假设有一个点目标(单距离单元目标),我们可以通过计算 $[(H_c'H_c) + \sigma^2 I]$ 的特征值扩散来求得自适应发射波形增益的最大理论值,其中,H_c 是第 5 章详细讨论过的杂波通道(快时间)的离散(矩阵形式)的格林函数。

图 7.26 给出了以雷达(飞机)位置和距离为参数的自适应增益。注意:

如预期所料,在极强和极不均匀的杂波环境中,有可能获得最大的性能增益(~15dB)。

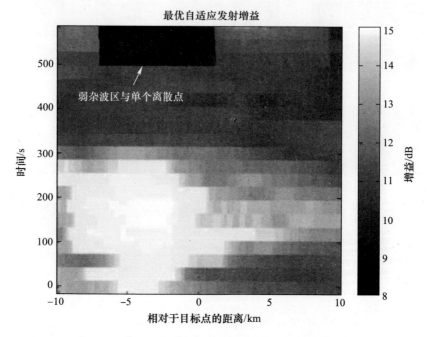

图 7.26　基于 FAR(全自适应雷达)自适应波形得到的
理论最大性能增益,以距离和雷达位置为参数

有意思的是,杂波相对较弱且具有一个强离散杂波点的区域实际上并未获得增益改善。这是因为 $[(H_c'H_c)+\sigma^2I]$ 的特征谱基本是平坦的。所以,具有最大带宽的脉冲波形(或理想冲激)是最优的。

最后这个例子表明,要开发新的、先进的最优波形和最优 MIMO 技术,拥有高逼真度的特定场景下的雷达干扰环境模型是非常重要的。正是因为这些环境的高度非均匀性才使得最优波形法具有显著优势。利用实验数据开发这些新的最优波形技术是非常困难的,而且成本上也不允许,这是因为波形也是解决方案的一部分,不能使用固定波形采集的静态实验数据对波形进行调整和测试。

参考文献

[1] https://rfview.islinc.com/RFView/login.jsp.

[2] Guerci, J. R., and E. J. Baranoski, "Knowledge-Aided Adaptive Radar at DARPA: An Overview," *Signal Processing Magazine, IEEE*, Vol. 23, 2006, pp. 41–50.

[3] Kang, B., V. Monga, and M. Rangaswamy, "Computationally Efficient Toeplitz Approximation of Structured Covariance under a Rank Constraint," *IEEE Transactions on Aerospace and Electronic Systems*, Vol. 51, 2015, pp. 775–785.

[4] Wang, P., Z. Wang, H. Li, and B. Himed, "Knowledge-Aided Parametric Adaptive Matched Filter with Automatic Combining for Covariance Estimation," *IEEE Transactions on Signal Processing*, Vol. 62, 2014, pp. 4713–4722.

[5] Kang,B., V. Monga, and M. Rangaswamy, "Rank-constrained maximum likelihood estimation of structured covariance matrices," *IEEE Transactions on Aerospace and Electronic Systems*, Vol. 50, 2014, pp. 501–515.

[6] Hao, C., S. Gazor, D. Orlando, G. Foglia, and J. Yang, "Parametric Space–Time Detection and Range Estimation of a Small Target," *IET Radar, Sonar & Navigation*, Vol. 9, 2014pp. 221–231.

[7] Kang, B., V. Monga, and M. Rangaswamy, "On the Practical Merits of Rank Constrained ML Estimator of Structured Covariance Matrices," in *2013 IEEE Radar Conference (RADAR)*, pp. 1–6.

[8] Aubry, A., A. De Maio, L. Pallotta, and A. Farina, "Covariance Matrix Estimation via Geometric Barycenters and Its Application to Radar Training Data Selection," *IET Radar, Sonar & Navigation*, Vol. 7, 2013, pp. 600–614.

[9] Monga, V., and M. Rangaswamy, "Rank Constrained ML Estimation of Structured Covariance Matrices with Applications in Radar Target Detection," in *2012 IEEE Radar Conference (RADAR)*, pp. 0475–0480.

[10] Jiang, C., H. Li, and M. Rangaswamy, "Conjugate Gradient Parametric Detection of Multichannel Signals," *IEEE Transactions on Aerospace and Electronic Systems*, Vol. 48, 2012, pp. 1521–1536.

[11] Aubry, A., A. De Maio, L. Pallotta, and A. Farina, "Radar Covariance Matrix Estimation through Geometric Barycenters," in *2012 9th European Radar Conference (EuRAD)*, pp. 57–62.

[12] Abramovich, Y. I., M. Rangaswamy, B. A. Johnson, P. M. Corbell, and N. K. Spencer, "Performance Analysis of Two-Dimensional Parametric STAP for Airborne Radar Using KASSPER Data," *IEEE Transactions on Aerospace and Electronic Systems*, Vol. 47, 2011, pp. 118–139.

[13] Wang, P., H. Li, and B. Himed, "Bayesian Parametric Approach for Multichannel Adaptive Signal Detection," in *2010 IEEE Radar Conference*, pp. 838–841.

[14] Wang, P., H. Li, and B. Himed, "A New Parametric GLRT for Multichannel Adaptive Signal Detection," *IEEE Transactions on Signal Processing*, Vol. 58, 2010, pp. 317–325.

[15] Jiang, C., H. Li, and M. Rangaswamy, "Conjugate Gradient Parametric Adaptive Matched Filter," in *2010 IEEE Radar Conference*, pp. 740–745.

[16] De Maio, A., A. Farina, and G. Foglia, "Knowledge-Aided Bayesian Radar

Detectors and Their Application to Live Data," *IEEE Transactions on Aerospace and Electronic Systems*, Vol. 46, 2010.

[17] De Maio, A., S. De Nicola, Y. Huang, D. P. Palomar, S. Zhang, and A. Farina, "Code Design for radar STAP via Optimization Theory," *IEEE Transactions on Signal Processing*, Vol. 58, 2010, pp. 679–694.

[18] Zhang, X., X. Wang, and G. Fan, "Research on Knowledge-Based STAP Technology," in *2009 IET International Radar Conference*, pp. 1–4.

[19] Xue, M., D. Vu, L. Xu, J. Li, and P. Stoica, "On MIMO Radar Transmission Schemes for Ground Moving Target Indication," in *2009 Conference Record of the Forty-Third Asilomar Conference on Signals, Systems and Computers*, pp. 1171–1175.

[20] Wang, P., K. J. Sohn, H. Li, and B. Himed, "Performance Evaluation of Parametric Rao and GLRT Detectors with KASSPER and Bistatic Data," in *IEEE Radar Conference, 2008*, pp. 1–6.

[21] Stoica, P., J. Li, X. Zhu, and J. R. Guerci, "On Using A Priori Knowledge in Space-Time Adaptive Processing," *IEEE Transactions on Signal Processing*, Vol. 56, 2008, pp. 2598–2602.

[22] Gini, F., and M. Rangaswamy, *Knowledge Based Radar Detection, Tracking and Classification*, Vol. 52: John Wiley & Sons, 2008.

[23] Abramovich, Y. I., B. A. Johnson, and N. K. Spencer, "Two-Dimensional Multivariate Parametric Models for Radar Applications—Part II: Maximum-Entropy Extensions for Hermitian-Block Matrices," *IEEE Transactions on Signal Processing*, Vol. 56, 2008, pp. 5527–5539.

[24] Abramovich, Y., M. Rangaswamy, B. Johnson, P. Corbell, and N. Spencer, "Performance of 2-D Mixed Autoregressive Models for Airborne Radar STAP: KASSPER-Aided Analysis," in *IEEE Radar Conference, 2008*, pp. 1–5.

[25] Rangaswamy, M. S., Kay, C. Xu, and F. C. Lin, "Model Order Estimation for Adaptive Radar Clutter Cancellation," in *International Waveform Diversity and Design Conference*, 2007, pp. 339–343.

[26] Morris, H., and M. Monica, "Morphological Component Analysis and STAP Filters," in *Record of the Forty-First Asilomar Conference on Signals, Systems and Computers*, 2007, pp. 2187–2190.

[27] Melvin, W. L., and G. A. Showman, "Knowledge-Aided, Physics-Based Signal Processing for Next-Generation Radar," in *Conference Record of the Forty-First Asilomar Conference on Signals, Systems and Computers*, 2007, pp. 2023–2027.

[28] Gerlach, K. R., and S. D. Blunt, "Radar Processor System and Method," U.S. Patent No. 7,193,558, issued March 20, 2007.

[29] De Maio, A., A. Farina, and G. Foglia, "Adaptive Radar Detection: A Bayesian Approach," in *IEEE Radar Conference*, 2007, pp. 624–629.

[30] Bergin, J. S., D. R. Kirk, G. Chaney, S. McNeil, and P. A. Zulch, "Evaluation

of Knowledge-Aided STAP Using Experimental Data," in *IEEE Aerospace Conference*, 2007, pp. 1–13.

[31] Bergin, J. S., D. R. Kirk, G. Chaney, S. McNeil, and P. A. Zulch, "Evaluation of Knowledge-Aided STAP Using Experimental Data," presented at the *2007 IEEE Aerospace Conference*, Big Sky, MT.

[32] Berger, S. D., W. L. Melvin, and G. A. Showman, "Map-Aided Secondary Data Selection," in *IEEE Radar Conference*, 2007, pp. 762–767.

[33] Abramovich, Y. I., M. Rangaswamy, B. A. Johnson, P. Corbell, and N. Spencer, "Time-Varying Autoregressive Adaptive Filtering for Airborne Radar Applications," in *2007 IEEE Radar Conference*, pp. 653–657.

[34] Wicks, M. C., M. Rangaswamy, R. Adve, and T. B. Hale, "Space-Time Adaptive Processing: A Knowledge-Based Perspective for Airborne Radar," *IEEE Signal Processing Magazine*, Vol. 23, 2006, pp. 51–65.

[35] Shackelford, A., K. Gerlach, and S. Blunt, "Performance Enhancement of the FRACTA Algorithm via Dimensionality Reduction: Results from KASSPER I," in *IEEE Conference on Radar*, 2006, p. 8-pp.

[36] Page, D., and G. Owirka, "Knowledge-Aided STAP Processing for Ground Moving Target Indication Radar Using Multilook Data," *EURASIP Journal on Applied Signal Processing*, Vol. 2006, 2006, pp. 1–16.

[37] Lin, F., M. Rangaswamy, P. Wolfe, J. Chaves, and A. Krishnamurthy, "Three Variants of an Outlier Removal Algorithm for Radar STAP," in *Fourth IEEE Workshop on Sensor Array and Multichannel Processing*, 2006, pp. 621–625.

[38] Gurram, P. R., and N. A. Goodman, "Spectral-Domain Covariance Estimation with A Priori Knowledge," *IEEE Transactions on Aerospace and Electronic Systems*, Vol. 42, 2006.

[39] Capraro, G. T., A. Farina, H. Griffiths, and M. C. Wicks, "Knowledge-Based Radar Signal and Data Processing: A Tutorial Review," *IEEE Signal Processing Magazine*, Vol. 23, 2006, pp. 18–29.

[40] Blunt, S. D., K. Gerlach, and M. Rangaswamy, "STAP Using Knowledge-Aided Covariance Estimation and the FRACTA Algorithm," *IEEE Transactions on Aerospace and Electronic Systems*, Vol. 42, 2006.

[41] Bergin, J. S., and P. M. Techau, "Multiresolution Signal Processing Techniques for Ground Moving Target Detection Using Airborne Radar," *EURASIP Journal on Applied Signal Processing*, Vol. 2006, 2006, pp. 220–220.

[42] Ohnishi, K., J. Bergin, C. Teixeira, and P. Techau, "Site-Specific Modeling Tools for Predicting the Impact of Corrupting Mainbeam Targets on STAP," in *IEEE International Radar Conference*, 2005, pp. 393–398.

[43] Teixeira, C. M., J. S. Bergin, and P. M. Techau, "Adaptive Thresholding of Non-Homogeneity Detection for STAP Applications," in *Proceedings of the IEEE Radar Conference*, 2004, pp. 355–360.

[44] Rangaswamy, M., F. C. Lin, and K. R. Gerlach, "Robust Adaptive Signal

Processing Methods for Heterogeneous Radar Clutter Scenarios," *Signal Processing,* Vol. 84, 2004, pp. 1653–1665.

[45] Page, D., S. Scarborough, and S. Crooks, "Improving Knowledge-Aided STAP Performance Using Past CPI Data [Radar Signal Processing]," in *Proceedings of the IEEE Radar Conference,* 2004, pp. 295–300.

[46] Mountcastle, P. D., "New Implementation of the Billingsley Clutter Model for GMTI Data Cube Generation," in *Proceedings of the IEEE Radar Conference,* 2004, pp. 398–401.

[47] Li, P., H. Schuman, J. Micheis, and B. Himed, "Space-Time Adaptive Processing (STAP) with Limited Sample Support," in *Proceedings of the IEEE Radar Conference,* 2004, pp. 366–371.

[48] G. R. Legters and J. R. Guerci, "Physics-based airborne GMTI radar signal processing," in *Proceedings of the IEEE Radar Conference,* 2004, pp. 283–288.

[49] Blunt, S. D., and K. Gerlach, "Efficient Robust AMF Using the enhanced FRACTA Algorithm: Results from KASSPER I & II [Target Detection]," in. *Proceedings of the IEEE Radar Conference,* 2004, pp. 372–377.

[50] Blunt, S., K. Gerlach, and M. Rangaswamy, "The Enhanced FRACTA Algorithm with Knowledge-Aided Covariance Estimation," in *IEEE Sensor Array and Multichannel Signal Processing Workshop Proceedings,* 2004, pp. 638–642.

[51] Bergin, J. S., C. M. Teixeira, P. M. Techau, and J. R. Guerci, "STAP with Knowledge-Aided Data Pre-Whitening," in *Proceedings of the IEEE Radar Conference,* 2004, pp. 289–294.

[52] Rangaswamy, M., and F. Lin, "Normalized Adaptive Matched Filter–A Low Rank Approach," in *Proceedings of the 3rd IEEE International Symposium on Signal Processing and Information Technology,* 2003, pp. 182–185.

[53] Gerlach, K., "Efficient Reiterative Censoring of Robust STAP Using the FRACTA Algorithm," in *Proceedings of the International Radar Conference,* 2003, pp. 57–61.

[54] https://lta.cr.usgs.gov/NED 1997.

[55] TIGER/Line® File Technical Documentation, prepared by the Bureau of the Census, Washington, DC, 1997, http://www.census.gov/geo/www/tiger.

[56] https://www.mrlc.gov/nlcd2011.php..

[57] Ulaby, F., and M. Dobson, *Radar Scattering Statistics for Terrain,* Norwood, MA: Artech House, 1989.

[58] Ruck, Barrick, et al, *Radar Cross Section Handbook,* Plenum Press: New York, 1970.

[59] Ayasli, S., "SEKE: A Computer Model for Low Altitude Radar Propagation over Irregular Terrain," *IEEE Transactions on Antennas and Propagation,* Vol. 34, No. 8, August 1986.

[60] Billingsley, J. B., "Exponential Decay in Windblown Radar Ground Clutter Doppler Spectra: Multifrequency Measurements and Model," Technical Report 997, MIT Lincoln Laboratory, Lexington, MA, July 29, 1996.

[61] Techau, P. M., J. S. Bergin, and J. R. Guerci, "Effects of Internal Clutter Motion on STAP in a Heterogeneous Environment," *Proc. 2001 IEEE Radar Conference*, Atlanta, GA, May 1–3, 2001, pp. 204–209.

[62] Techau, P. M., J. R. Guerci, T. H. Slocumb, and L. J. Griffiths, "Performance Bounds for Hot and Cold Clutter Mitigation," *IEEE Transactions on Aerospace and Electronic Systems*, Vol. 35, October, 1999, pp. 1253–1265.

[63] Bergin, J. S., P. M. Techau, W. L. Melvin, and J. R. Guerci, "GMTI STAP in Target-Rich Environments: Site-Specific Analysis," *Proc. 2002 IEEE Radar Conference*, Long Beach, CA, April 22–25, 2002.

[64] Ohnishi, K., J. S. Bergin, C. M. Teixeira, and P. M. Techau, "Site-Specific Modeling Tools for Predicting the Impact of Corrupting Mainbeam Targets on STAP," *Proceedings of the 2005 IEEE Radar Conference*, Alexandria, VA, May 9–12, 2005.

[65] Bergin J. S., and P. M. Techau, "High Fidelity Site-Specific Radar Simulation: KASSPER Data Set 2," *ISL Technical Report ISL-SCRD-TR-02-106*, May 2002.

[66] Bergin, J. S., P. M. Techau, C. Teixeira, and J. R. Guerci, "STAP with Knowledge-Aided Data Pre-Whitening," *Proceedings of the 2004 IEEE Radar Conference*, Philadelphia, PA, April 2004.

[67] Ward, J., "Space-Time Adaptive Processing for Airborne Radar," *Lincoln Laboratory Technical Report 1015*, December, 1994.

[68] Leon-Garcia, A., *Probability and Random Processes for Electrical Engineering*, Reading, MA: Addison-Wesley Publishing Company, 1994.

[69] Zito, R. R., "The Shape of SAR Histograms," *Computer Vision, Graphics, and Image Processing*, Vol. 43, 1988, pp. 281–293.

[70] Pillai, S. U., H. S. Oh, D. C. Youla, and J. R. Guerci, "Optimum Transmit-Receiver Design in the Presence of Signal-Dependent Interference and Channel Noise," *IEEE Transactions on Information Theory*, Vol. 46, No. 2, March, 2000.

[71] Guerci J. R., and S. U. Pillai, "Theory and Application of Adaptive Transmission (ATx) Radar," *Proceedings of the Adaptive Sensor Array Processing Workshop*, MIT Lincoln Laboratory, March 10–11, 2000.

[72] Bergin, J. S., P. M. Techau, J. E. Don Carlos, and J. R. Guerci, "Radar Waveform Optimization for Colored Noise Mitigation," *Proceedings of the 2005 IEEE International Radar Conference*, Alexandria, VA, May 9–12, 2005.

[73] Bergin, J. S., and P. M. Techau, "An Upper Bound on The Performance Gain of an Adaptive Transmitter," *ISL Technical Note ISL-TN-00-011*, Vienna, VA, August, 2000.

[74] Bergin, J. S., P. M. Techau, and J. E. Don Carlos, and J. R. Guerci, "Radar

Waveform Optimization for Colored Noise Mitigation," *Proceedings of the Third Annual Tri-Service Waveform Diversity Workshop*, Huntsville, AL, March, 2005.

[75] Van Trees, H. L., *Detection, Estimation, and Modulation Theory*, John Wiley and Sons, Inc. New York

[76] Haykin, S., "Cognitive Radar: A Way of the Future," *IEEE Signal Processing Magazine*, Vol. 23, No. 1, Jan. 2006.

[77] Bergin, J. S., J. R. Guerci, R. M. Guerci, and M. Rangaswamy, "MIMO Clutter Discrete Probing for Cognitive Radar," in *IEEE International Radar Conference*, Arlington, VA, 2015, pp. 1666–1670.

[78] Guerci, J. R., *Cognitive Radar: The Knowledge-Aided Fully Adaptive Approach*, Norwood, MA: Artech House, 2010.

[79] Bell, K. L., J. T. Johnson, G. E. Smith, C. J. Baker, and M. Rangaswamy, "Cognitive Radar for Target Tracking Using a Software Defined Radar System," *Proceedings of the 2015 IEEE Radar Conference*, Arlington, VA, May 10–15, 2015.

[80] Guerci, J. R., "Optimal and Adaptive MIMO Waveform Design," in *Principles of Modern Radar: Advanced Techniques*, W. L. Melvin and J. A. Scheer (eds.), Edison, NJ: SciTech Publishing, 2013.

[81] Kay, S., "Optimal Signal Design for Detection of Gaussian Point Targets in Stationary Gaussian Clutter/Reverberation," *IEEE Journal of Selected Topics in Signal Processing*, Vol. 1, No. 1, 2007, pp. 31–41.

[82] Bergin, J. S., et al., "A New Approach for Testing Autonomous and Fully Adaptive Radars," *Proceedings of the IEEE Radar Conference*, Seattle, WA, May 2017.

精选文献目录

Cobo, B., et al., "A Site-Specific Radar Simulator for Clutter Modelling in VTS Systems," *ELMAR 50th International Symposium*, Zadar, Croatia, 2008.

Don Carlos, J. E., "Clutter, Splatter, and Target Signal Model," ISL Technical Note ISL-TN-89-003 Vienna, VA, November, 1989.

Don Carlos, J. E., K. M. Murphy, and P. M. Techau, "An Improved Clutter, Splatter, and Target Signal Model," ISL Technical Note ISL-TN-91-003, Vienna, VA, May, 1991.

Griffiths, L. J., P.M. Techau, J. S. Bergin, K. L. Bell, "Space-Time Adaptive Processing in Airborne Radar Systems," *The Record of the 2000 IEEE International Radar Conference*, Alexandria, VA, May 7–12, 2000, pp. 711–716.

Guerci, J. R., "Cognitive Radar: The Next Radar Wave?" *Microwave Journal*, Vol. 54, No. 1, January, 2011, pp. 22–36.

Johnson, J. T., C. J. Baker, G. E. Smith, K. L. Bell, and M. Rangaswamy, "The Monostatic-Bistatic Equivalence Theorem and Bistatic Radar Clutter," presented at the *European Radar Conference (EuRAD)*, 2014 11th, 2014.

Melvin, W. L., and J. R. Guerci, "Adaptive Detection in Dense Target Environments," *Proc. 2001 IEEE Radar Conf.*, Atlanta, GA, May 1–3, 2001, pp. 187–192.

Techau, P. M., "Degrees of Freedom Analysis in Hot Clutter Mitigation," Proceedings of the 4th DARPA Advanced Signal Processing Hot Clutter Technical Interchange Meeting, Rome Laboratory, NY, August 7–8, 1996.

Techau, P. M., "Performance evaluation of hot clutter mitigation architectures using the Splatter, Clutter, and Target Signal (SCATS) model," Proceedings of the 3rd ARPA Mountaintop Hot Clutter Technical Interchange Meeting, Rome Laboratory, NY, August 23–24, 1995.

Techau, P. M., "Radar Phenomenology Modeling and System Analysis Using the Splatter, Clutter, and Target Signal (SCATS) Model," ISL Technical Note ISL-TN-97-001, Vienna, VA, October 1997.

Techau, P. M., D. E. Barrick, and A. Schnittman, "The Two-Scale Bistatic Rough Surface Scattering Model," Proceedings of the 2nd ARPA Mountain Top Hot Clutter Technical Interchange Meeting, Rome Laboratory, NY, September 27–28, 1994.

Techau, P. M., J. R. Guerci, T. H. Slocumb, and L. J. Griffiths, "Site-Specific Performance Bounds for Interference Mitigation in Airborne Radar Systems," *Proceedings of the Adaptive Sensor Array Processing (ASAP) Workshop*, MIT Lincoln Laboratory, Lexington, MA, March 10–11, 1999.

Techau, P. M., J. R. Guerci, T. H. Slocumb, and L. J. Griffiths, "Performance Bounds for Interference Mitigation in Radar Systems," *Proceedings of the 1999 IEEE Radar Conference*, Waltham, MA, April 20–22, 1999.

Väisänen, V., et al., "An Approach to Enhanced Fidelity of Airborne Radar Site-Specific Simulation," Proceedings of SPIE Remote Sensing 2008, Remote Sensing for Env ironmental Monitoring, GIS Applications, and Geology VIII, Cardiff, Wales, UK, September 15–18, 2008.

第 8 章　总结与展望

　　MIMO 雷达是一项新兴技术,并正在走向实际雷达应用领域。正如本书所述,MIMO 模式为机载 GMTI、OTH 和汽车雷达等监视与搜索雷达应用领域提供了潜在的理论优势。特别是,在发射孔径增益损失可以克服或者可以忽略的前提下,MIMO 天线结构可以提高方位估计精度。这就可以应用于系统性能受限于干扰而非热噪声的情况。一个很好的例子就是,在 GMTI 应用中检测杂波下的慢速目标。我们在本书中还阐述了,对于搜索雷达应用情况,天线增益的损失有时还可通过长时间积累来补偿,从而获得热噪声背景下的 MIMO 性能改善。

　　MIMO 系统的实现面临的主要问题是,要获得捷变波形会增加硬件的复杂度。现代 AESA 雷达通常能免费提供这种复杂度,因为它们能发射空间分集的波形。但是,在现有的传统单发射孔径系统上增加 MIMO 功能是非常有挑战性的,尤其是考虑到成本限制,这几乎是商业雷达普遍面临的问题。

　　MIMO 系统的实现面临的另一个主要问题是:很难找到能与发射机硬件相匹配的波形。一般来说,能在理论上获得优异性能改善的许多波形技术实际上都不实用,因为它们在发射的时候都会存在效率损失。最重要的限制就是波形通常是恒模的,这是采用 C 类放大器的典型雷达硬件所必需的。还有一个较大的难题是,必须对波形间的相位进行约束,以确保有足够的功率从输入波形传递到传播模式。这一点通常采用驻波比指标进行度量[1]。

　　考虑到放大器约束和天线驻波比约束的现状,实用型 MIMO 波形技术目前发展还不够成熟。其中部分问题在于,MIMO 的大部分工作是由具有信号处理背景的工程师和科学家而不是硬件工程师完成的。随着更多 MIMO 技术运用到实际雷达系统,这个鸿沟可能会缩小,如第 4 章中的 MIMO GMTI 雷达示例。一个有助于解决这个问题的研究方向是开发天线建模工具,从而方便信号处理工程师和科学家进行 MIMO 雷达研究。第 4 章论述了解决驻波比问题的一些基本分析工具的示例。Kingsley 与 Guerci 的著作在缩小系统与电路工程师之间的鸿沟方面进行了首次尝试[1]。

　　如第 5 章和第 6 章所讨论的,仍然存在良好的机遇来发展最优 MIMO 技术,从而拓展更常用的基于正交波形的 MIMO 天线。要做到这一点,需要有先进的环境杂波和干扰模型捕捉真实环境中特定场景的特性,而这又很可能得益于 MIMO 波形的精细动态优化过程。关于上述天线建模工具,本领域是存在这类 M&S 仿真工具的,但是,使用这些工具通常需要传播与散射方面的专业技术知识。因此,很难把这些工具应用于信号处理研究中。登录 https://rfview.islinc.com,读者可以获得一套基于网络且用于商业目的的高逼真度 M&S 仿真工具。

  MIMO 雷达是一项令人振奋的技术,它相对于现有系统具有显著的优势,而且在未来很可能会有新的应用。与 STAP 等这类只对接收机有影响的雷达信号处理技术不同,MIMO 技术需要信号处理研究者在研究雷达系统时要更多地关注硬件。尽管研究时就需要更加细致的模型与多学科的方法,但是正如本书所说,它很可能开启新的雷达工作模式,甚至发展出令人振奋的新功能与新系统。

参考文献

[1] Kingsley, N., and J. R. Guerci, *Radar RF Circuit Design*. Norwood, MA: Artech House, 2016.

作者简介

Jamie Bergin(杰米·伯金):

毕业于新罕布什尔大学,有着20多年研发先进雷达概念和自适应信号处理技术的经验。他独立发表或合作发表了很多关于MIMO雷达、认知雷达、空时自适应处理和知识辅助处理等方面的会议论文与期刊论文,并多次在IEEE学会的雷达会议上担任MIMO雷达专题讨论小组的指导老师。目前,杰米·伯金就职于信息系统实验室有限公司,并和其爱人露丝以及4个孩子利维亚、玛德琳、路西和扎卡里生活在康涅狄格州的格拉斯顿。

Joseph R. Guerci(约瑟夫·R·古尔奇):

古尔奇博士在工业、学术和政府机构等领域有着30多年的先进技术开发经验。他在美国国防部高级研究计划局(DARPA)任职7年,先后担任了项目经理、办公室副主任和特殊项目办公室主任,主持了重大新技术开发工作,目前,任信息系统实验室有限公司的总裁兼CEO。

古尔奇博士获得纽约理工大学电气工程博士学位,发表了100多篇技术论文和专著,包括《雷达空时自适应处理第2版》(Artech House)和《认知雷达:知识辅助的全自适应方法》(Artech House)。因其在先进雷达理论及实际系统应用方面的突出贡献,古尔奇博士成为了IEEE学会会员,同时凭借其在雷达自适应处理和波形分集方面的杰出工作,他还获得了2007年IEEE学会的沃伦怀特奖。